21世纪高职高专规划教材

计算机应用系列

网页制作实训教程

——网页三剑客CS6版

侯冬梅　主编

周 同　温绍洁　副主编

清华大学出版社

北京

内 容 简 介

本书立足实际应用，内容丰富，讲解循序渐进，针对网页设计初学者，系统、全面地介绍使用 Photoshop、Flash 与 Dreamweaver 进行网页设计与制作的各种知识和技巧，可以帮助读者在制作网页时快速入门、迅速提高。本书内容包括：使用 Photoshop 处理网页图像、使用 Flash 制作网页动画、使用 Dreamweaver 创建网页、使用 DIV＋CSS 布局网页等。

本书可作为高等职业教育计算机专业课程的教材，也可以作为信息社会人们计算机能力培养及提高的培训教材。

图书在版编目（CIP）数据

网页制作实训教程 ：网页三剑客 CS6 版/侯冬梅主编. -- 北京 ：清华大学出版社，2015
21 世纪高职高专规划教材. 计算机应用系列
ISBN 978-7-302-40606-8

Ⅰ. ①网…　Ⅱ. ①侯…　Ⅲ. ①网页制作工具－高等职业教育－教材　Ⅳ. ①TP393.092

中国版本图书馆 CIP 数据核字(2015)第 150474 号

责任编辑：孟毅新
封面设计：常雪影
责任校对：李　梅
责任印制：杨　艳

出版发行：清华大学出版社
网　　址：http://www.tup.com.cn，http://www.wqbook.com
地　　址：北京清华大学学研大厦 A 座　　**邮　　编**：100084
社 总 机：010-62770175　　**邮　　购**：010-62786544
投稿与读者服务：010-62776969，c-service@tup.tsinghua.edu.cn
质量反馈：010-62772015，zhiliang@tup.tsinghua.edu.cn
课件下载：http://www.tup.com.cn,010-62795764
印 装 者：保定市中画美凯印刷有限公司
经　　销：全国新华书店
开　　本：185mm×260mm　　**印　张**：10.75　　**字　　数**：243 千字
版　　次：2015 年 12 月第 1 版　　**印　　次**：2015 年 12 月第 1 次印刷
印　　数：1～2500
定　　价：24.00 元

产品编号：063076-01

前 言

随着网络技术和信息技术的不断发展和广泛应用，互联网正逐步地改变着现代人的生活方式。企业为了扩大影响、个人为了展现个性，纷纷建立属于自己的网站，利用互联网来宣传自己、展示自己。在这样一个网络技术蓬勃发展的形势下，网页制作技术得到了越来越多的人的青睐。现在最为人们所熟知的网页制作软件是 Adobe 公司的 Photoshop、Flash 和 Dreamweaver 三款软件，它们分别用来编辑处理网页图像、制作网页动画和建立网站。这三款软件以它们强大的功能和方便的、所见即所得的操作得到了广大网页设计者的认可和欢迎。

本书由具有多年网页制作课程教学经验的教师精心编写，全书贯穿了不同行业的多种实例，各实例均经过精心设计，操作步骤清晰简明，技术分析深入浅出，实例效果精美，具有很强的实用性和现实的指导意义。每章内容都是先列出知识点，然后结合实例讲解使用软件进行网页制作时的具体操作。课后提供了相关知识和思考与练习，可以使读者加深学习效果，也便于老师课堂教学和学生掌握知识要点。

本书适合网页设计与制作人员、网站建设与开发人员、大中专院校相关专业师生、网页制作培训班学员和个人网站爱好者阅读。

全书共分为 9 章，内容如下。

第 1 章　使用 Photoshop CS6 设计制作网站 Logo，介绍 Photoshop CS6 的操作界面以及使用 Photoshop CS6 进行网站 Logo 设计的基本操作。

第 2 章　使用 Photoshop CS6 制作网页效果图，主要介绍建立网站之前的规划设计工作——网页效果图的设计。

第 3 章　Dreamweaver CS6 网页制作入门，着重介绍 Dreamweaver CS6 的安装、工作界面及各部分功能。结合一个个精彩的实例，从 Web 文档的建立到文本的输入、页面属性的设置、段落的格式化等内容逐一进行详细讲解。

第 4 章　Flash CS6 网页动画制作，介绍 Flash CS6 的工作界面及 Flash 的基本概念和基本操作，以及创建各种不同基本类型动画的方法。

第 5 章　使用 DIV+CSS 制作网页，在掌握 Dreamweaver CS6 基础操作的基础上，向读者介绍如何使用 DIV+CSS 进行网页布局。

第 6 章　使用 JavaScript 制作网页特效，主要介绍了 JavaScript 技术在网页制作中的应用。

第 7 章　向 Dreamweaver 页面中添加非文本内容，重点讲解了如何在 Web 文档中插入图像、链接、导航条等非文本内容,并详细介绍相关属性的设置,同时还介绍了在网页中插入动画、音乐、视频等多媒体元素的方法。

第 8 章　网站发布与推广,介绍在网站创建完成后如何发布以及如何宣传网站,使更多用户浏览到网站内容。

第 9 章　HTML 5 技术介绍,对现在流行的 HTML 5 技术的定义、发展和主要功能进行简要介绍。

本书由侯冬梅任主编,周同、温绍洁任副主编。本书第 1、2、4、5、9 章由周同编写;第 3 章由侯冬梅编写;第 6、8 章由温绍洁编写;第 7 章由谷新胜编写。在编写过程中,刘瑞挺教授和董泽多次给予细心指导、严格把关,确保了本书的质量,深表感谢。

由于作者水平有限,本书不足之处在所难免,欢迎广大读者批评指正。我们的信箱是 jsjx@bjypc.edu.cn。

作　者

2015 年 11 月

目 录

第 1 章

使用 Photoshop CS6 设计制作网站 Logo

作为 Adobe 的核心产品，Photoshop 历来最受关注。

选择 Photoshop CS6 的理由不仅仅是它会完美兼容 Windows 7，更重要的是几十个全新特性，如占用面积更小的工具栏、多张照片自动生成全景、灵活的黑白转换、更易调节的选择工具、智能的滤镜、改进的消失点特性等。

另外，Photoshop CS6 分为两个版本，分别是常规的标准版和支持 3D 功能的 Extended（扩展）版。Photoshop CS6 标准版适合摄影师以及印刷设计人员使用，Photoshop CS6 扩展版除了包含标准版的功能外，还添加了用于创建和编辑 3D 和基于动画内容的突破性工具。

Photoshop 的卓越性能使它适用于手绘、平面设计、网页设计、海报设计、后期处理、相片处理等诸多领域。其界面如图 1-1 所示。

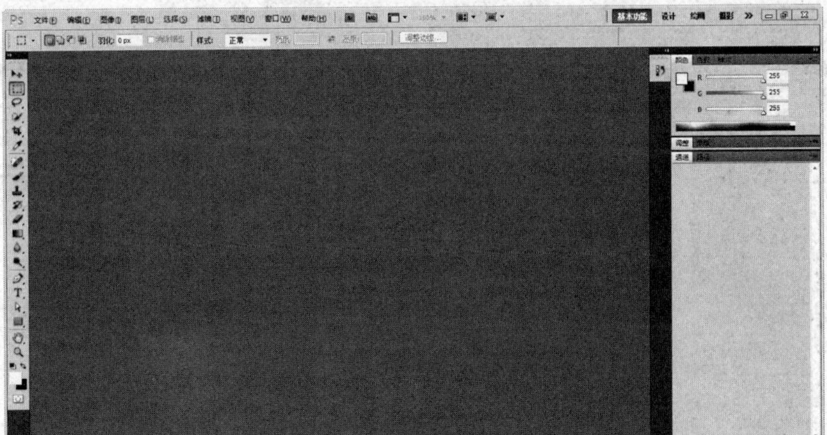

图 1-1　Photoshop CS6 界面

学习目标

(1) 熟悉 Photoshop CS6 的工作界面。

(2) 了解 Photoshop CS6 的新功能。

(3) 熟悉 Photoshop CS6 的基本操作。

(4) 通过实例的制作，了解并掌握使用 Photoshop CS6 设计、制作 Logo 的方法。

1.1 使用 Photoshop CS6 制作 3D Logo

此例介绍如何用 Photoshop CS6 把一个平面 Logo 处理成 3D 立体效果的 Logo，主要应用图层样式来模拟 3D 效果，效果如图 1-2 所示。

图 1-2 最终完成效果

任务 1 绘制 3D Logo 部分

任务要求

本任务主要练习使用椭圆工具、图层样式以及画笔工具绘制 3D 立体效果的 Logo。

任务分析

使用椭圆工具绘制外轮廓，通过图层样式的调整和画笔工具的使用使平面的 Logo 具有 3D 立体效果。

操作步骤

(1) 首先运行 Photoshop，新建一个文件，尺寸设置为 500 × 500 像素，如图 1-3 所示。

图 1-3 新建文件

(2) 使用椭圆工具，绘制一个深绿色正圆形的形状图层，完成效果如图 1-4 所示。

(3) 将椭圆工具的选项调整为“从形状中减去”，再绘制一个正圆形形状图层，使两个圆形叠加在一起，形成一个月牙的形状，完成后的效果如图 1-5 所示。

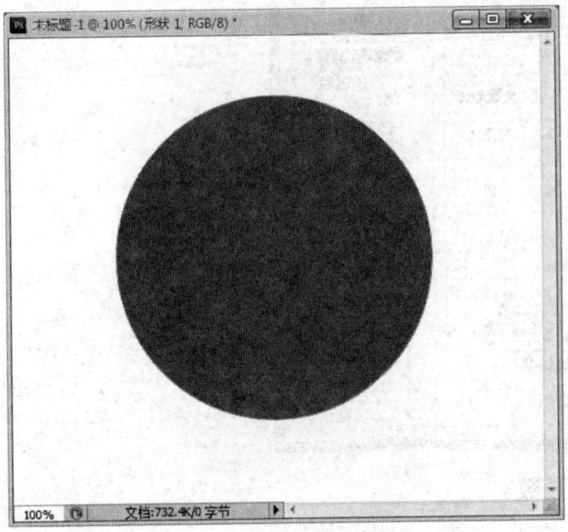

图 1-4　绘制圆形形状图层

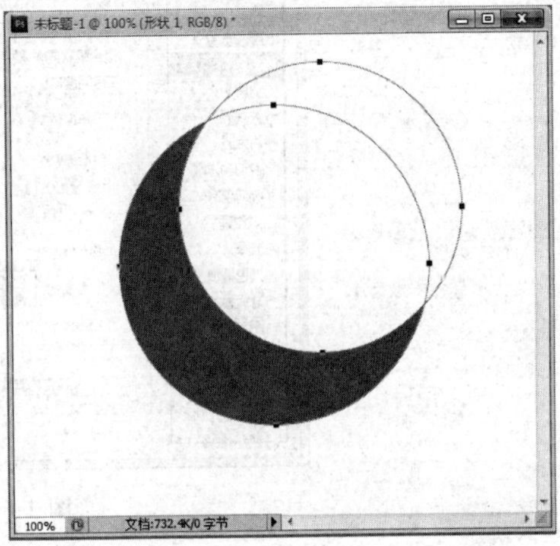

图 1-5　绘制月牙

(4) 将月牙形状的图层复制，将副本层往左下方挪动一段距离，改变颜色为浅绿色，如图 1-6 所示。

(5) 使用钢笔工具，调整浅绿色形状图层上的曲率拉杆，使上下两个月牙的尖端部重合，效果如图 1-7 所示。

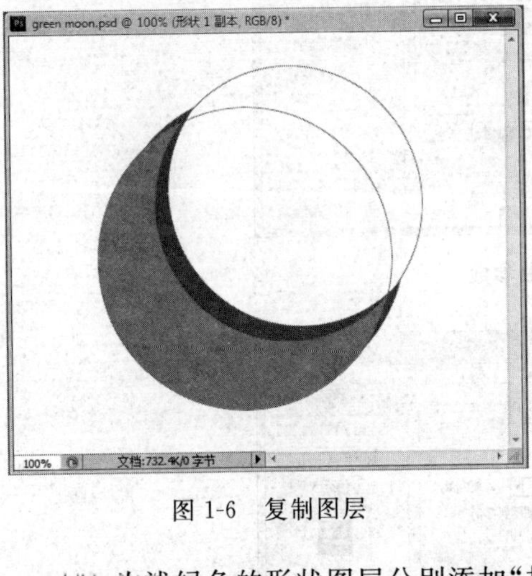

图 1-6　复制图层

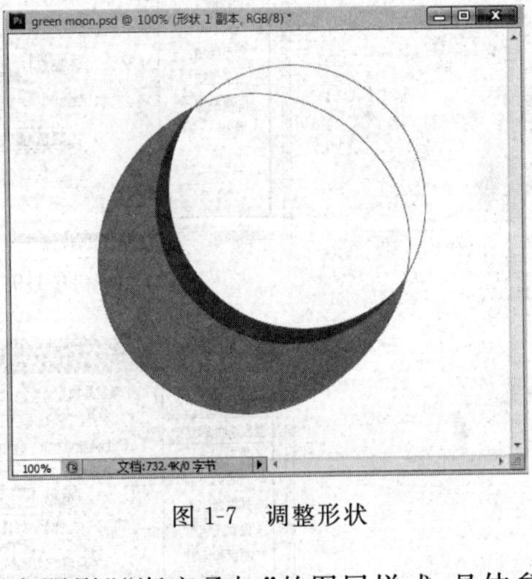

图 1-7　调整形状

(6) 为浅绿色的形状图层分别添加“投影”“内阴影”“渐变叠加”的图层样式，具体参数如图 1-8～图 1-10 所示，完成后的效果如图 1-11 所示。

(7) 将浅绿色形状图层中的路径转换为选区，新建图层，用白色羽化边缘笔刷在月牙左边缘涂抹，将图层混合模式改为“叠加”，形成高光效果，如图 1-12 所示。

(8) 将深绿色形状图层中的路径转换为选区，按住 Ctrl＋Alt 键并单击浅绿色形状图层，得到一个更细的月牙选区。新建图层，用白色羽化边缘笔刷在选区中涂抹，将图层混合模式改为“叠加”，完成后的效果如图 1-13 所示。

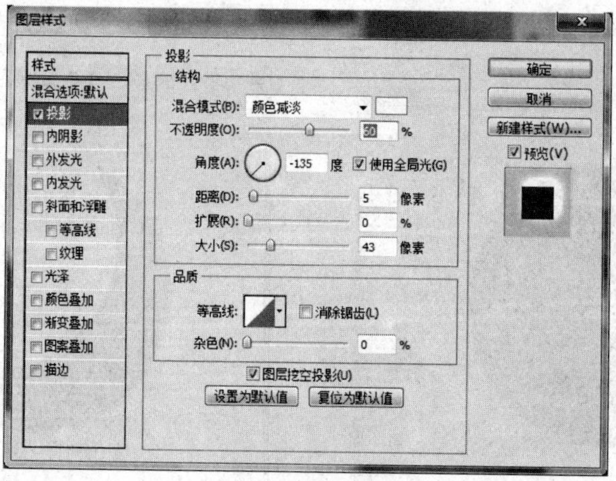

图 1-8　投影参数

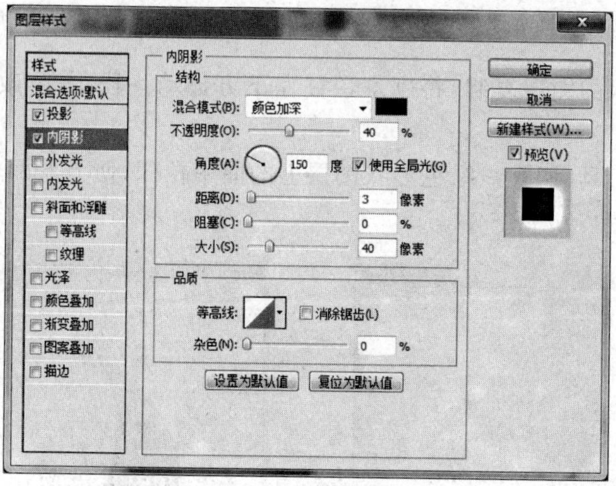

图 1-9　内阴影参数

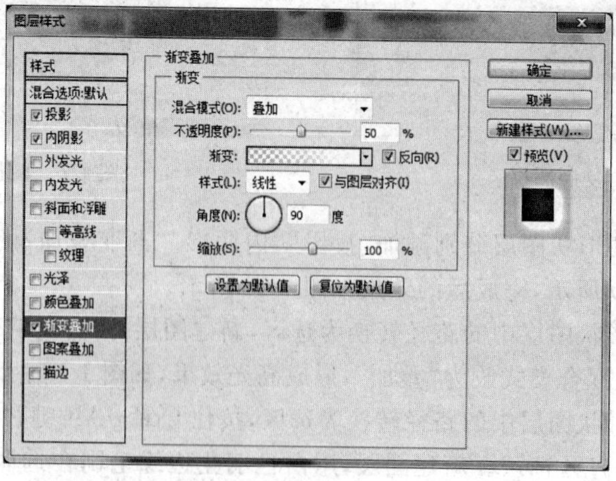

图 1-10　渐变叠加参数

图 1-11　添加图层样式后效果

图 1-12　添加高光效果

图 1-13　添加内测高光效果

(9) 为深绿色的形状图层分别添加“内阴影”“内发光”“渐变叠加”图层样式，增强图形的 3D 立体效果，具体参数如图 1-14～图 1-16 所示，完成后的效果如图 1-17 所示。

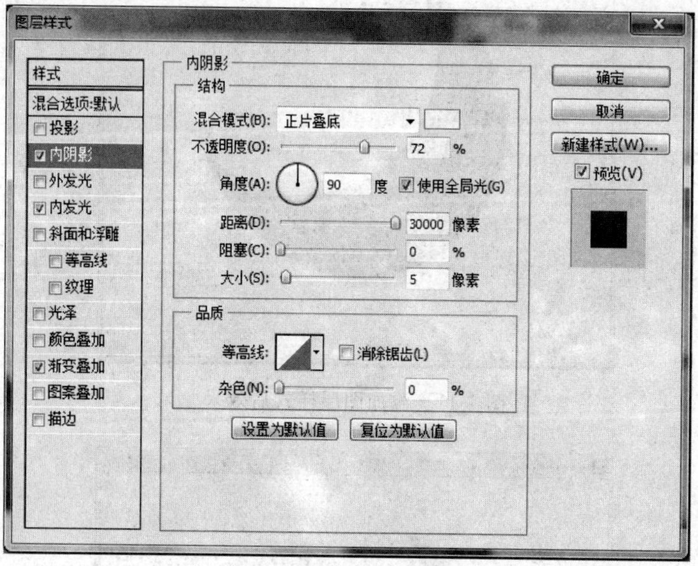

图 1-14　内阴影参数

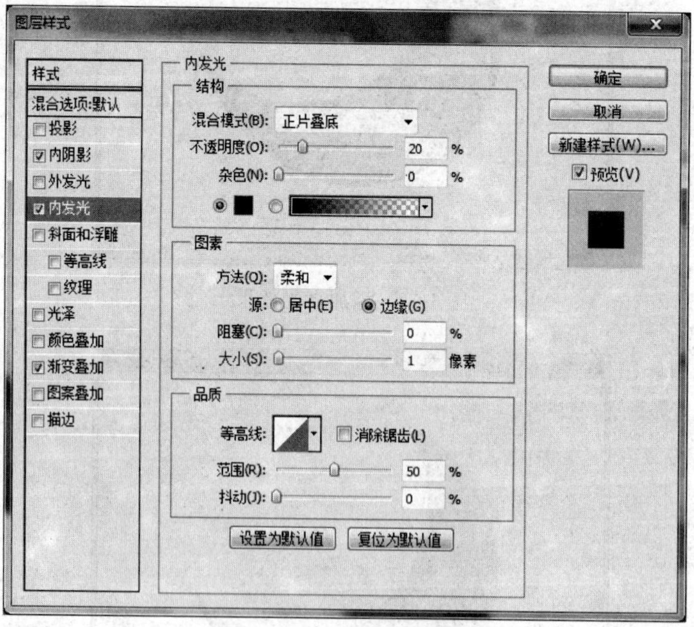

图 1-15　内发光参数

(10) 新建图层，将其移动到背景层的上一层。制作一个椭圆选区，填充黑色，取消选区后，执行“滤镜”|“模糊”|“高斯模糊”命令，设置模糊半径为 10 像素。将图层不透明度调整为 30%，制作完成月牙的阴影效果，如图 1-18 所示。

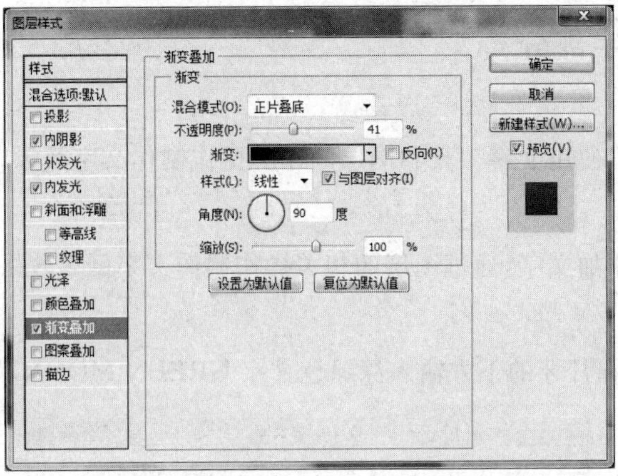

图 1-16　渐变叠加参数

图 1-17　添加图层样式后效果

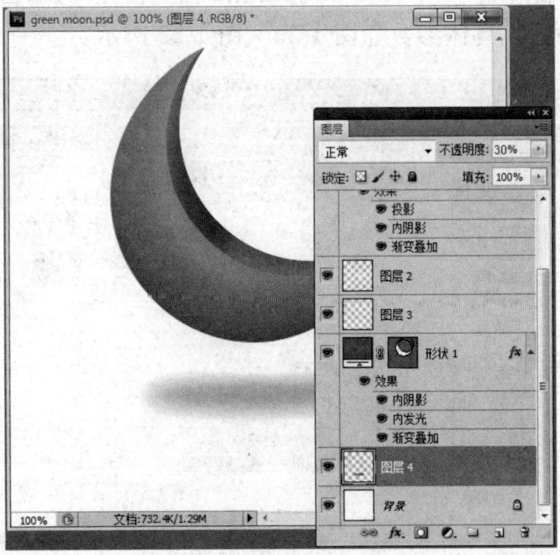

图 1-18　添加阴影效果

任务 2　绘制文字部分

任务要求

本任务主要练习使用文字工具和图层的相关操作制作文字效果。

任务分析

使用文字工具添加文字，通过图层的相关操作制作文字倒影效果。

操作步骤

(1) 新建图层，在月牙的下方输入深绿色文字 GREEN MOON，如图 1-19 所示。

图 1-19　添加文字

(2) 将文字层复制一层，往下移动一定距离，调整颜色为浅绿色，并添加“投影”“内阴影”“渐变叠加”图层样式，具体参数如图 1-20～图 1-22 所示。

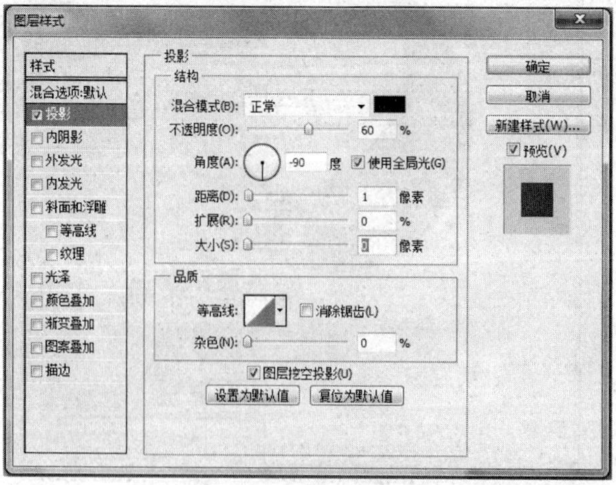

图 1-20　投影参数

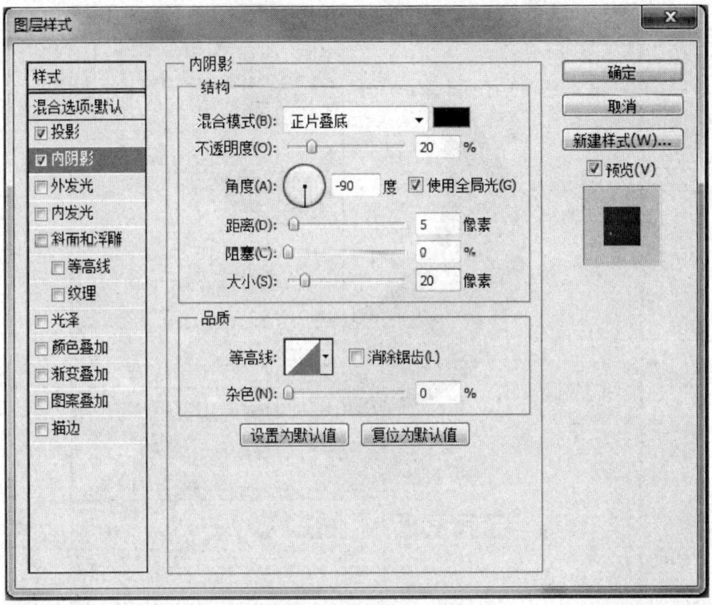

图 1-21　内阴影参数

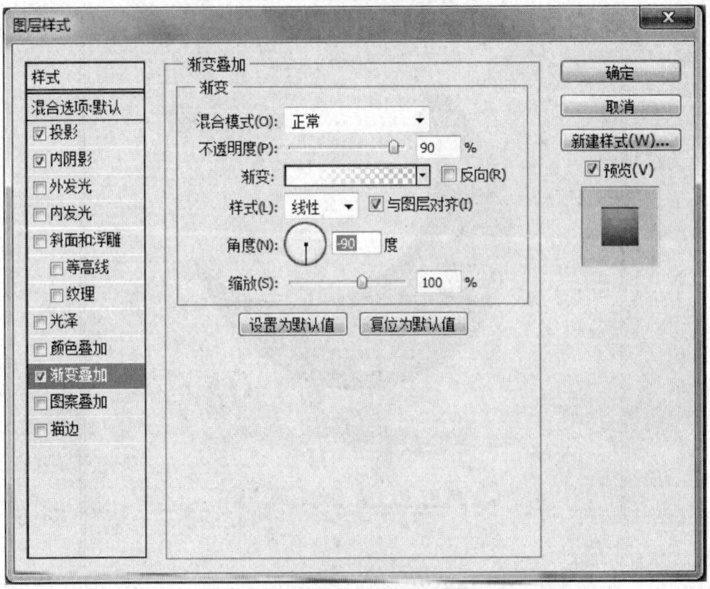

图 1-22　渐变叠加参数

(3) 将两个文字层合并后复制，将得到的副本层垂直翻转，移动到底部，调整图层不透明度为 25%，完成文字的投影效果，如图 1-23 所示。

(4) 选中背景层，进行绿色到白色的线性渐变填充，最终效果如图 1-24 所示。

图 1-23 添加文字倒影效果

图 1-24 最终完成效果

1.2 使用 Photoshop CS6 制作字母 Logo

此例介绍如何使用 Photoshop CS6 绘制一个带有渐变色背景的英文字母 Logo，最终效果如图 1-25 所示。

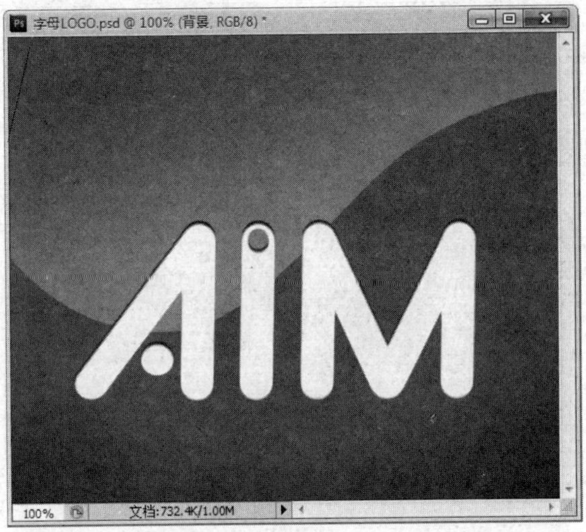

图 1-25　最终完成效果

任务 3　绘制背景部分

任务要求

本任务主要练习使用选区制作工具、渐变填充工具以及钢笔工具绘制具有颜色变化的背景效果。

任务分析

使用选区制作工具创建选区，通过渐变填充工具的使用使背景具有色彩变化。

操作步骤

(1) 首先新建一个文件，尺寸设置为 500×500 像素，背景内容为白色，如图 1-26 所示。

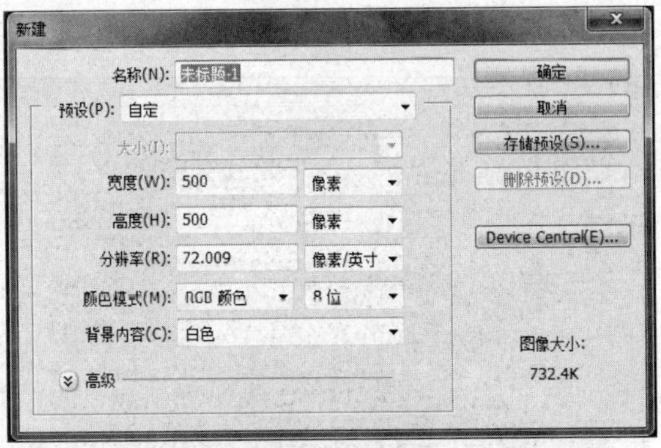

图 1-26　新建文件

(2) 新建图层，在其中填充蓝色，如图 1-27 所示。

(3) 使用矩形选框工具创建一个矩形选区，如图 1-28 所示。

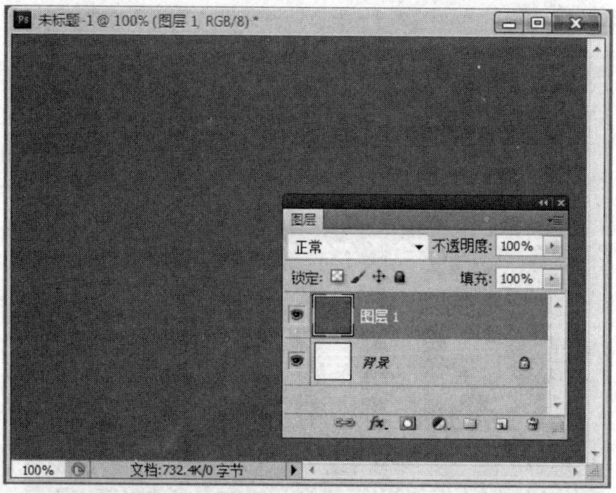

图 1-27 新建图层并填充

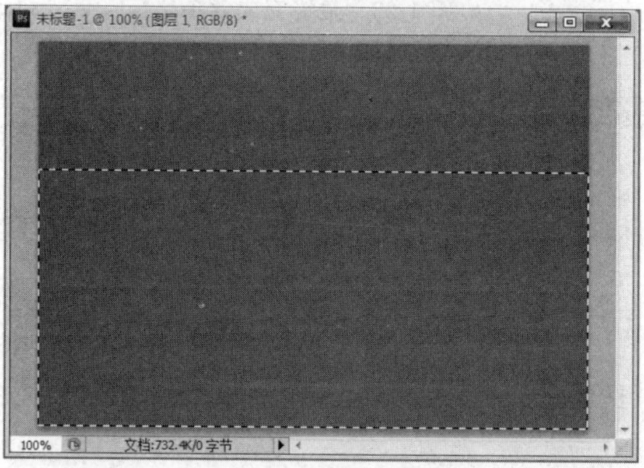

图 1-28 创建矩形选区

(4) 新建图层,然后设置前景色为黑色,并使用渐变工具在选区中创建一个黑色到透明的渐变效果,如图 1-29 所示。

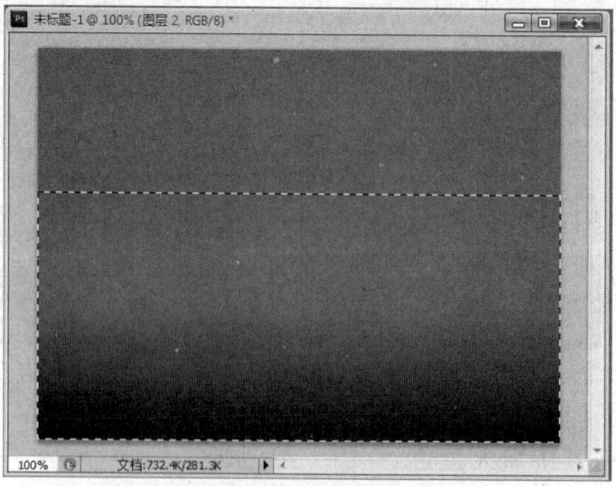

图 1-29 填充渐变色

(5) 执行"编辑"|"变换"|"变形"命令,调整曲率拉杆,直至达到如图 1-30 所示的效果,双击确认变换。

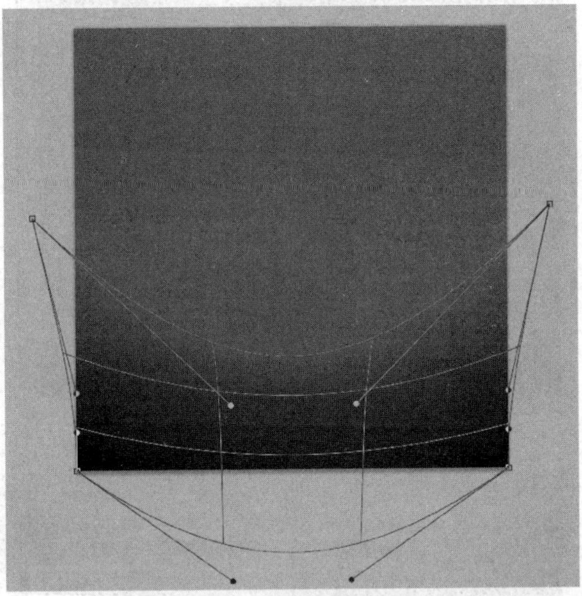

图 1-30　对渐变色进行变形

(6) 使用钢笔工具在图中创建路径,路径的形状如图 1-31 所示。

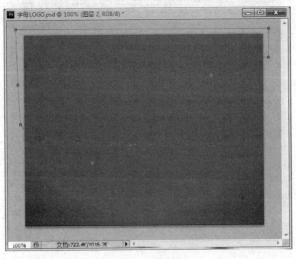

图 1-31　创建路径

(7) 执行"窗口"|"路径"命令,打开路径面板,单击路径面板中的"将路径作为选区载入"按钮,把路径变为选区,如图 1-32 所示。

(8) 新建图层,设置前景色为白色,并使用渐变工具在选区中创建一个由白色到透明的渐变效果,如图 1-33 所示。

(9) 在图层面板上选中除背景层外的所有图层,执行"图层"|"合并图层"命令,将选

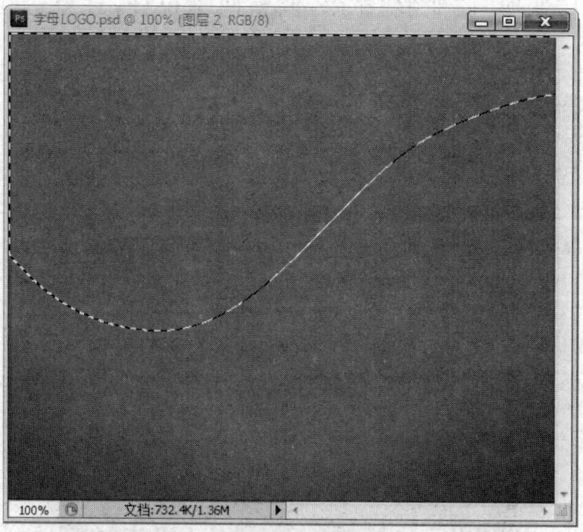

图 1-32 将路径转换为选区

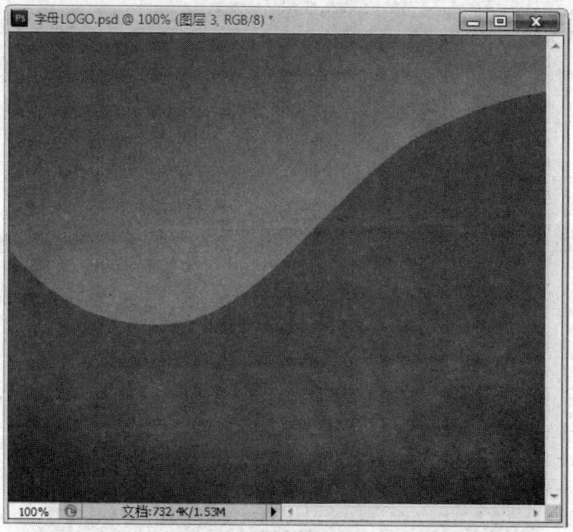

图 1-33 渐变填充

中的图层都合并在一起，如图 1-34 所示。到此，就把 Logo 的背景制作好了。

任务 4 绘制字母部分

任务要求

本任务主要练习使用画笔工具、橡皮擦工具以及图层样式绘制 Logo 中的字母部分。

任务分析

使用画笔工具绘制字母，通过橡皮擦工具和图层样式的使用绘制 Logo 中的字母部分。

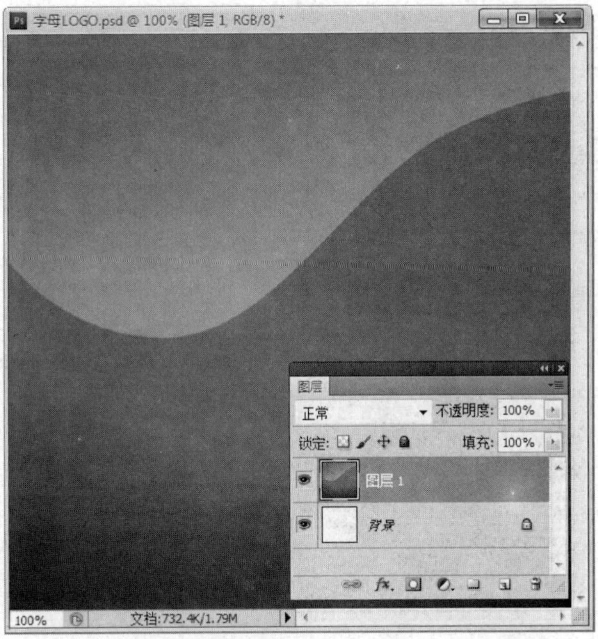

图 1-34　合并图层

操作步骤

(1) 新建图层,选择画笔工具,调整前景色为白色,使用 30 像素大小的圆形笔触画出一条直线。绘画直线可以先按下鼠标左键,然后按住 Shift 键再拖动鼠标即可,如图 1-35 所示。

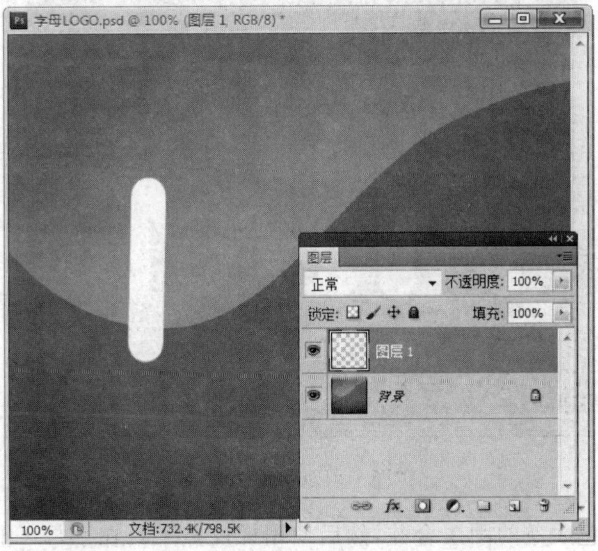

图 1-35　绘制直线

(2) 按 3 次 Ctrl+J 键,将刚才的图层复制 3 个副本,如图 1-36 所示。

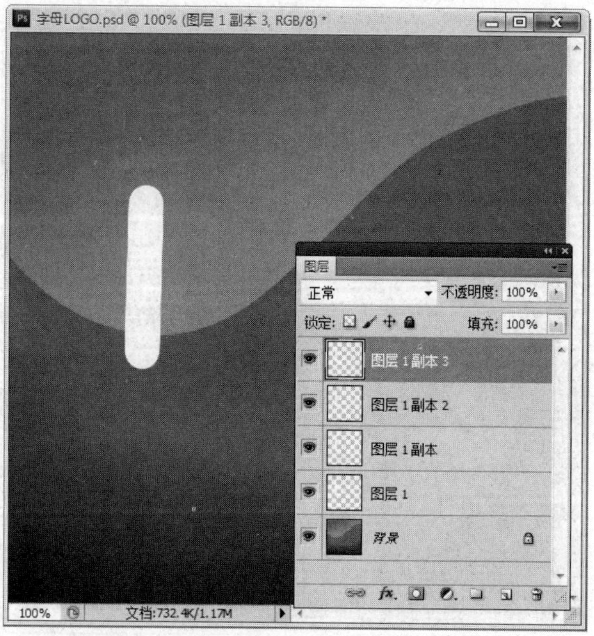

图 1-36　复制图层

(3) 使用移动工具结合“编辑”|“自由变换”命令,调整副本图层的位置和大小,使它们组成 AIM 3 个字母,完成效果如图 1-37 所示。

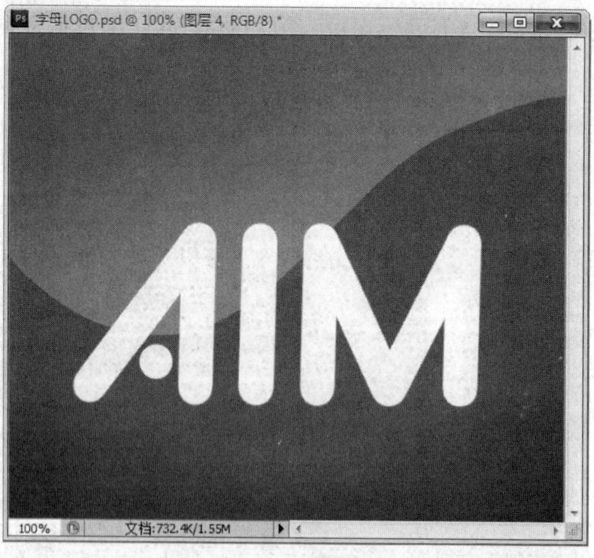

图 1-37　完成字母

(4) 将所有白色线条的图层合并,然后使用橡皮擦工具在字母 I 上擦除出一个圆形,如图 1-38 所示。

(5) 按住 Ctrl 键,单击字母所在的图层缩略图,载入选区,如图 1-39 所示。

图 1-38　使用橡皮擦工具

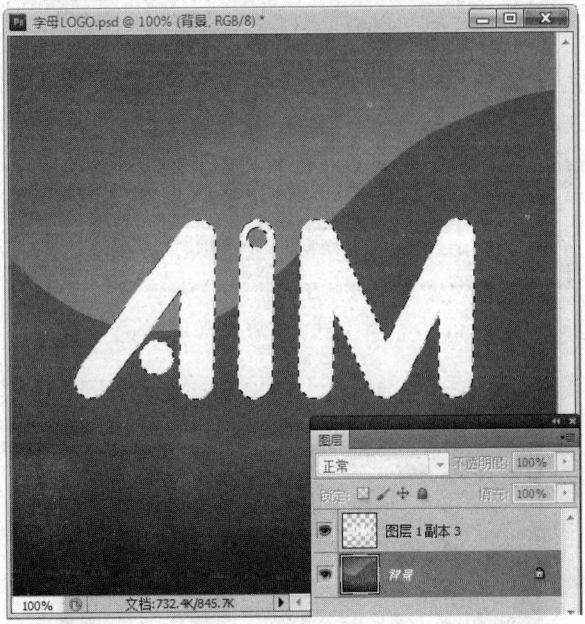

图 1-39　创建选区

(6) 选择蓝色背景层，并按 Delete 键删除选区中的内容，如图 1-40 所示。

(7) 将白色字母层的可视属性关掉，选择蓝色背景层，执行“图层”|“图层样式”|“投影”命令，设置如图 1-41 所示。

(8) 至此，整个字母 Logo 的制作就完成了，如图 1-42 所示。

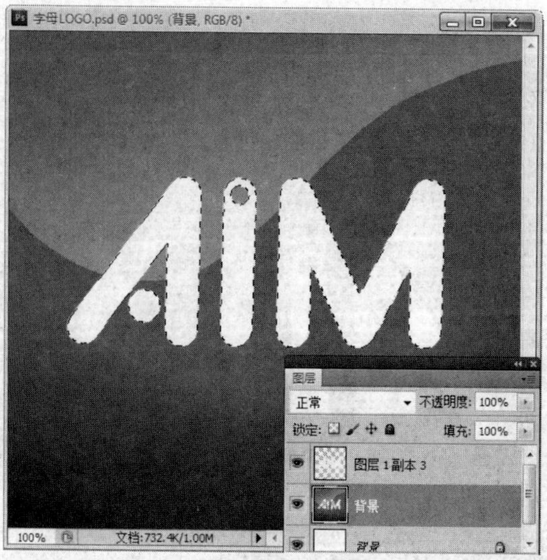

图 1-40　删除蓝色背景中的内容

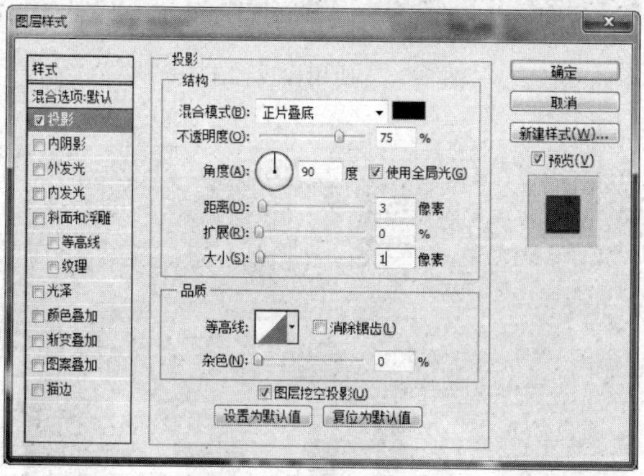

图 1-41　投影参数

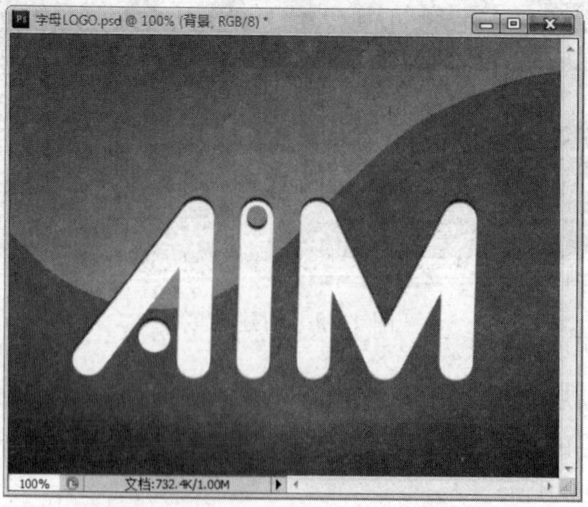

图 1-42　最终完成效果

1.3 本章小结

通过本章的学习，读者应该对 Photoshop CS6 有了初步的认识，并且应该了解 Photoshop CS6 工作界面的各部分功能，掌握图层的建立和复制、图层样式的设置、选区的创建等操作，掌握“填充”“自由变换”“合并图层”等命令的使用。

1.4 习题 1

一、填空题

1. 在 Photoshop 中，新建图像的快捷键为________。

2. 在 Photoshop 中，________工具可以自动识别像素的边界，可以按图像的不同颜色将图像中相似的部分选取出来。

二、选择题

1. 以下关于 JPEG 图像格式的说法，错误的是(　　)。

A. 适合表现真彩色的照片　　B. 最多可以指定 1024 种颜色

C. 不能设置透明度　　D. 可以控制压缩比例

2. 下面不能进行路径创建的方法是(　　)。

A. 使用钢笔工具　　B. 使用自由钢笔工具

C. 使用添加锚点工具　　D. 先建立选区，再将其转化为路径

3. 选择“滤镜”|“渲染”子菜单下的(　　)命令，可以设置光源、光色、物体的反射特性等，产生较好的灯光效果。

A. 光照效果　　B. 分层云彩　　C. 3D 变幻　　D. 云彩

4. 使用(　　)可以移动某个锚点的位置，并可以对锚点进行变形操作。

A. 钢笔工具　　B. 路径直接选择工具

C. 添加锚点工具　　D. 自由钢笔工具

5. 下面对渐变填充工具功能的描述中正确的是(　　)。

A. 如果在不创建选区的情况下填充渐变色，渐变工具将作用于整个图像

B. 不能将设定好的渐变色存储为一个渐变色文件

C. 可以任意定义和编辑渐变色，不管是两色、三色还是多色

D. 在 Photoshop 中共有 3 种渐变类型

三、操作题

使用 Photoshop CS6，为一家名为“快乐柠檬”的冷饮店设计制作 Logo。要求使用图形加文字的形式进行设计，图形的内容必须是柠檬，可以是抽象的，也可以是卡通形象，设计要符合行业特点。文字必须是英文 happy lemon，图 1-43 供参考。

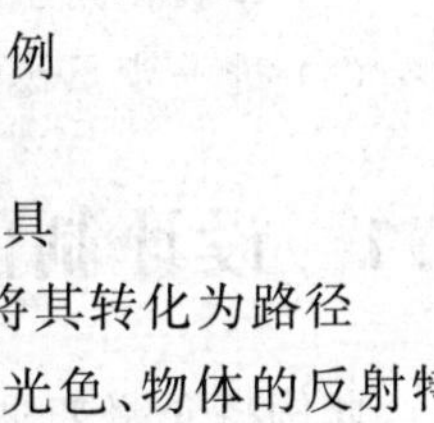

图 1-43　参考样张

第 2 章

使用 Photoshop CS6 制作网页效果图

本章通过一个完整的实例介绍使用 Photoshop CS6 来设计制作网页效果图的操作。

制作网页效果图包括：①使用 Photoshop CS6 设计制作网页效果图；②使用 Photoshop CS6 做网页切片。

学习目标

(1) 掌握使用 Photoshop CS6 设计制作网页效果图的方法。

(2) 掌握使用 Photoshop CS6 制作网页切片、优化网页图像的方法。

(3) 进一步熟悉 Photoshop CS6 中各种工具的使用。

2.1 设计制作网页效果图

此例将介绍如何使用 Photoshop CS6 制作一个漂亮的网页效果图，最终效果如图 2-1 所示。

图 2-1　最终完成效果

任务 1　制作背景和导航条

任务要求

本任务主要练习使用圆角矩形工具、图层样式以及渐变工具绘制背景和导航条。

任务分析

使用圆角矩形工具绘制外轮廓，通过图层样式的调整和渐变工具的使用使背景和导航条的颜色有变化。

操作步骤

(1) 运行 Photoshop，新建一个文件，尺寸设置为 980×830 像素，如图 2-2 所示。

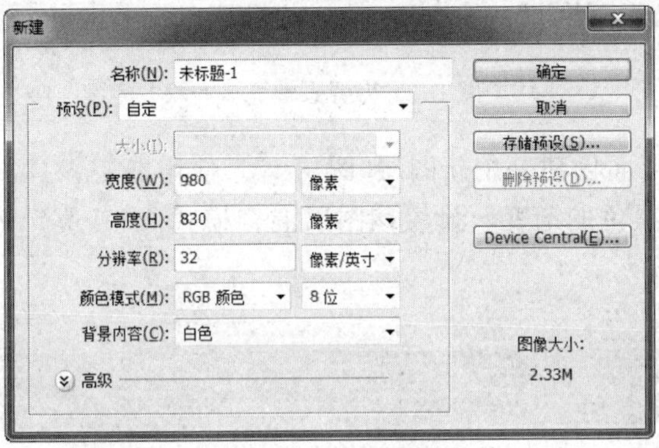

图 2-2　新建文件

(2) 选择圆角矩形工具，设置圆角半径为 10 像素，颜色为 #e6ff99，在整个画布中拖曳绘制一个圆角矩形。将这个图层命名为 bg，如图 2-3 所示。

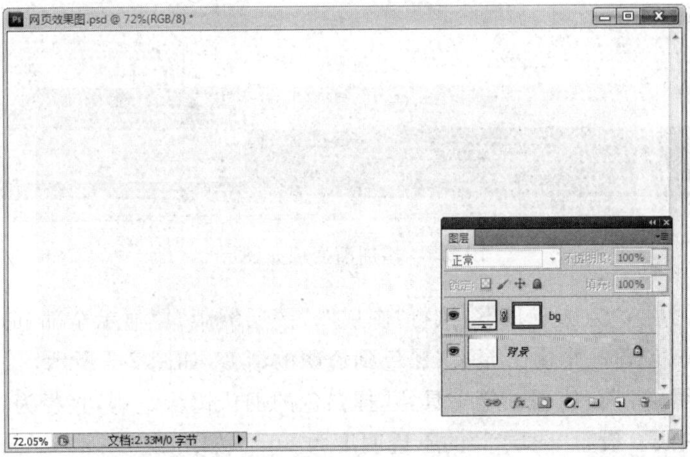

图 2-3　绘制圆角矩形

(3) 在图层面板选中背景层，设置前景色为 #678608，用油漆桶填充背景，如图 2-4 所示。

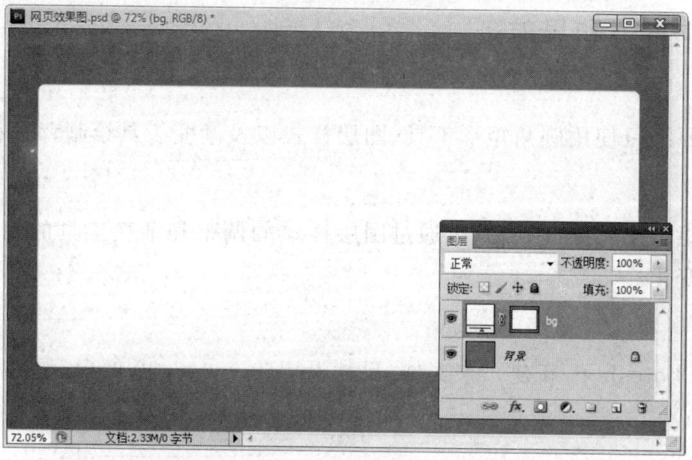

图 2-4　为背景填充颜色

(4) 在背景图层上面创建一个新图层“图层 1”。使用渐变工具，从画布顶部开始向下拖曳出一个从白色到黑色的渐变。设置该图层混合模式为“变亮”，然后设置图层不透明度为 10%，如图 2-5 所示。

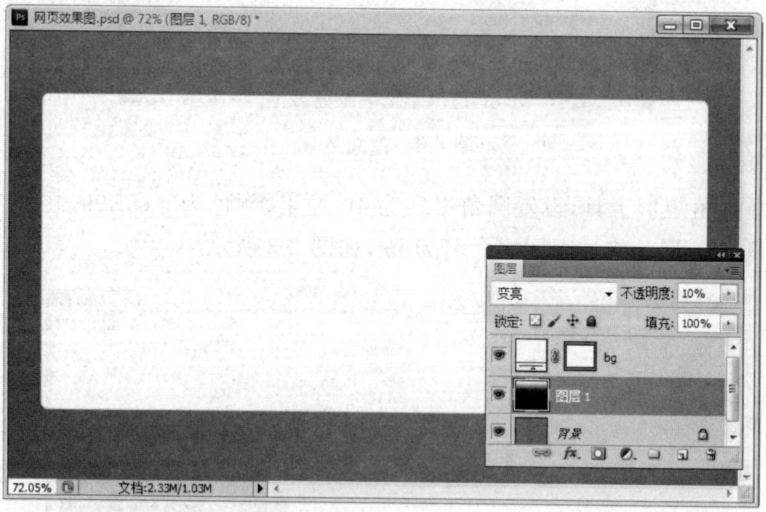

图 2-5　添加渐变填充图层

(5) 保持“图层 1”为选定状态，执行“图层”|“图层蒙版”|“显示全部”命令。在工具栏中选择渐变工具，创建一个由下至上、黑色到透明的渐变，如图 2-6 所示。

(6) 新建“图层 2”。使用画笔工具，选择白色的羽化边缘笔刷，直径为 300 像素，在画布顶端画一条白线。设置“图层 2”的不透明度为 50%，如图 2-7 所示。

(7) 在 bg 层下面新建“图层 3”。分别将前景色、背景色设置为白色、黑色，然后执行“滤镜”|“渲染”|“云彩”命令，如图 2-8 所示。

(8) 保持“图层 3”为选定状态，执行“滤镜”|“模糊”|“动感模糊”命令，具体参数设定如图 2-9 所示。

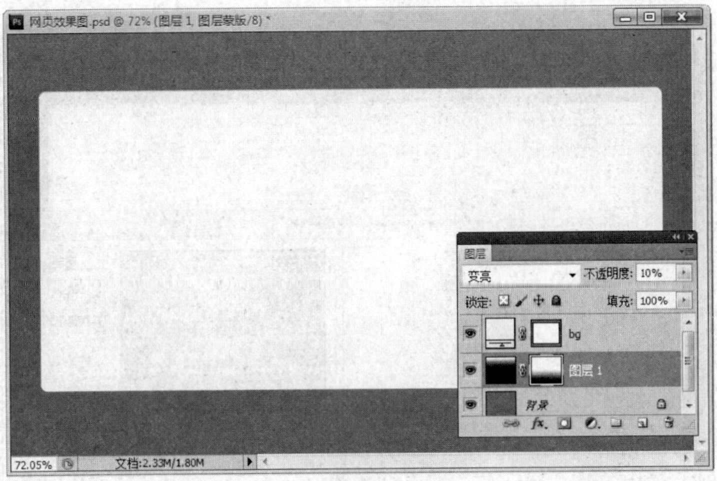

图 2-6　添加图层蒙版

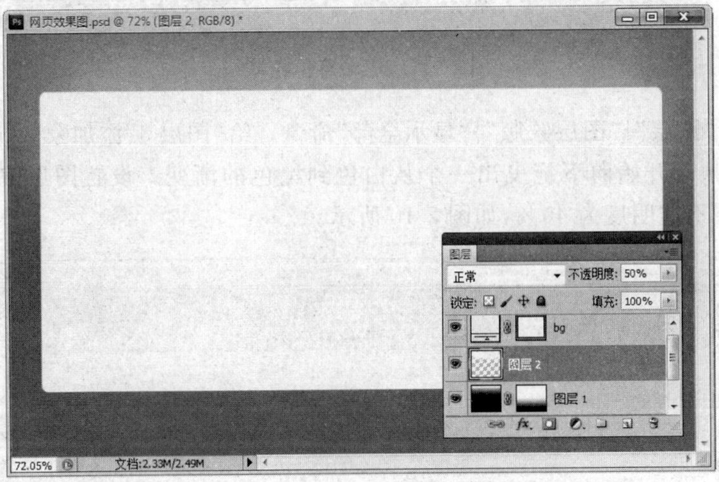

图 2-7　使用画笔绘制线条

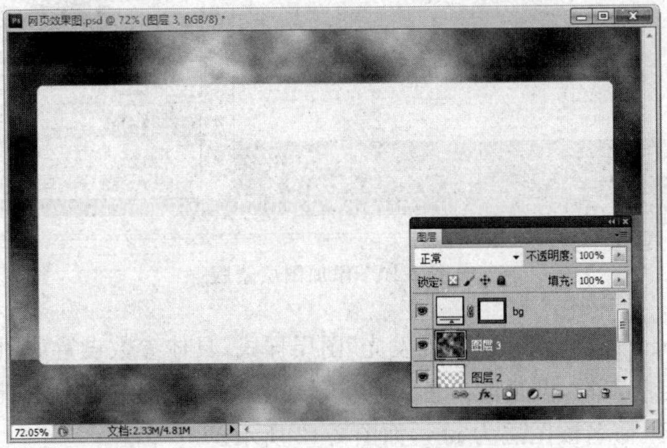

图 2-8　应用云彩滤镜

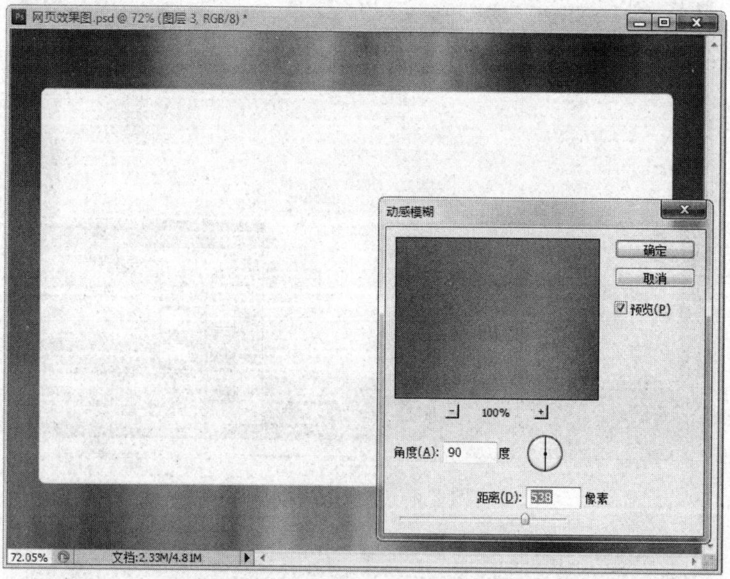

图 2-9 应用动感模糊滤镜

(9) 执行"图层"|"图层蒙版"|"显示全部"命令。给"图层 3"添加蒙版,然后使用渐变工具,从画布顶部开始向下拖曳出一个从白色到黑色的渐变。设置图层渲染模式为"叠加",设置图层不透明度为 40%,如图 2-10 所示。

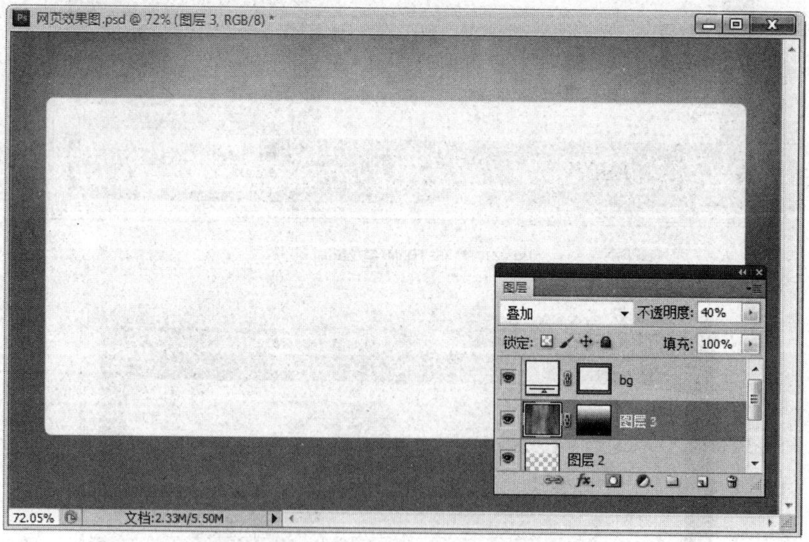

图 2-10 添加图层蒙版

(10) 双击 bg 图层,为其添加"外发光"图层样式,具体参数设置如图 2-11 所示。

(11) 使用矩形工具,设置前景色为#d0ff3f,在之前创建的圆角矩形中,创建一个高为 60 像素的矩形,命名该图层为 nav,如图 2-12 所示。

(12) 接下来创建当前选中按钮。选择矩形工具,设置颜色为#b7f008,创建一个高

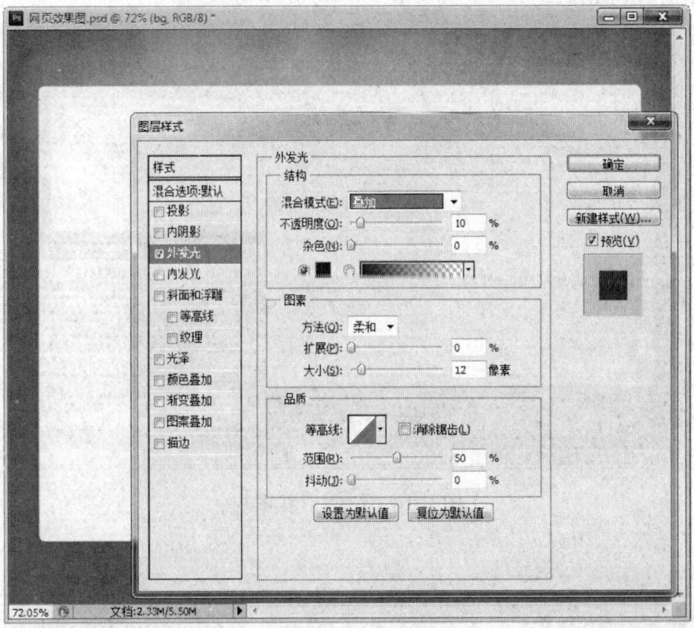

图 2-11　添加“外发光”图层样式

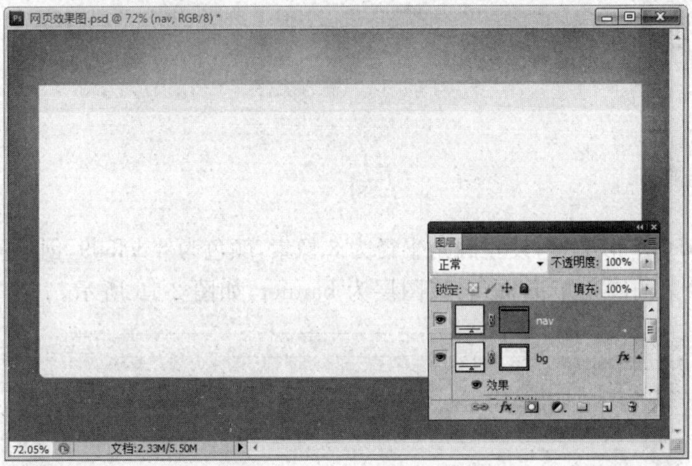

图 2-12　绘制形状图层

为 60 像素的矩形，设置不透明度为 15%，将该图层命名为 button，如图 2-13 所示。

(13) 选择文字工具，给导航添加一些文字，完成后的效果如图 2 14 所示。

任务 2　制作 banner 区域

任务要求

本任务主要练习使用圆角矩形工具和移动工具绘制 banner 区域。

任务分析

使用圆角矩形工具绘制 banner 区域外轮廓，使用移动工具向 banner 区域添加素材

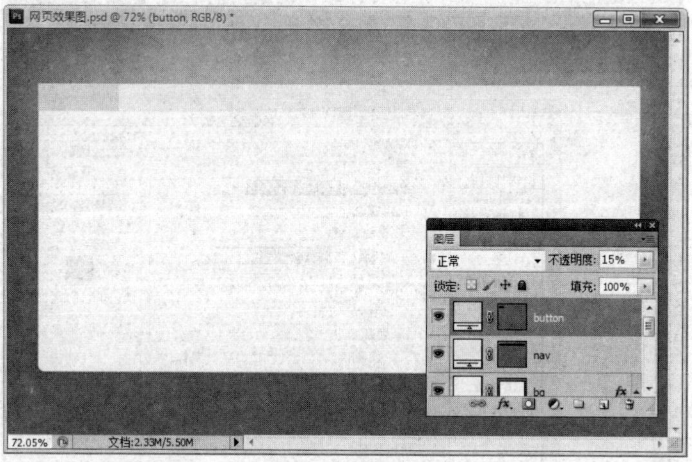

图 2-13　绘制形状图层

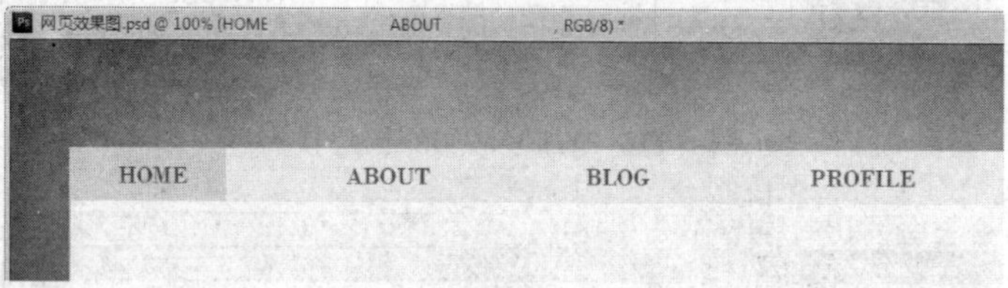

图 2-14　输入文字

图片。

操作步骤

(1) 使用圆角矩形工具,设置圆角半径为 8 像素,颜色为#dcf569,创建一个宽为 940 像素、高为 240 像素的圆角矩形,命名该图层为 banner,如图 2-15 所示。

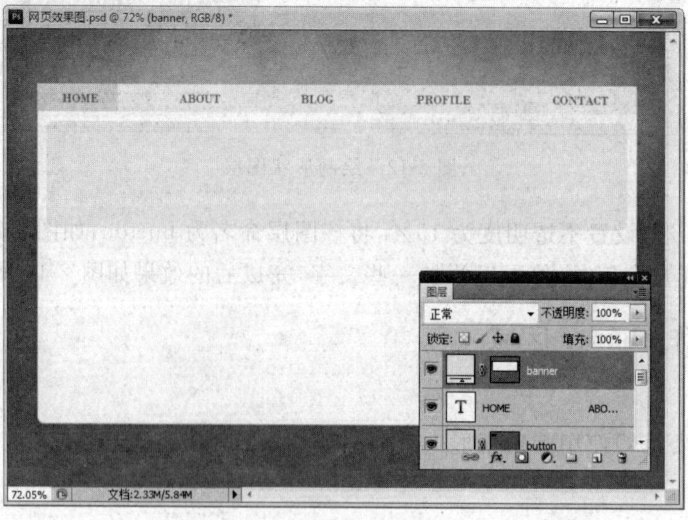

图 2-15　绘制 banner 区域

(2) 使用矩形工具，设置前景色为＃c1d872，创建一个尺寸为 610×220 像素的矩形，这是 banner 图片的位置。将该层命名为 banner img，如图 2-16 所示。

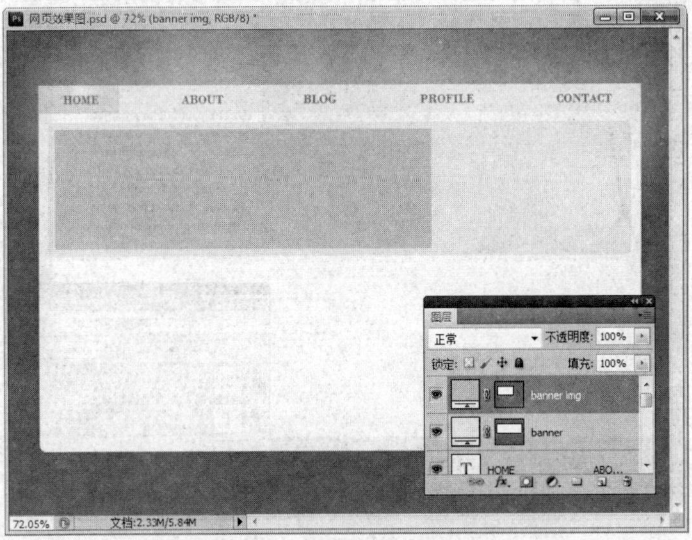

图 2-16　绘制 banner img 区域

(3) 选择一张喜欢的图片放在刚才创建的矩形的上面，将多余的部分删除，使其和 banner img 尺寸大小一样，如图 2-17 所示。

图 2-17　添加图片

(4) 使用文字工具，在右边添加一些文字。完成后的效果如图 2-18 所示。

(5) 在 banner 的底部创建两个导航按钮。使用圆角矩形工具，设置半径为 8 像素，

图 2-18　输入文字

图 2-19　绘制圆角矩形按钮

颜色为＃a8d226，创建一个小矩形，命名该图层为 button 1，如图 2-19 所示。

(6) 设置该图层不透明度为 50%，然后用文字工具添加一些文字。设置颜色为＃ffffff。新建一个群组，将其命名为 b1，将文字、图标和 button 1 图层放在 b1 中，如图 2-20 所示。

(7) 使用同样的方法，创建第二个导航按钮，并将其中的所有图层放在群组 b2 中，如图 2-21 所示。

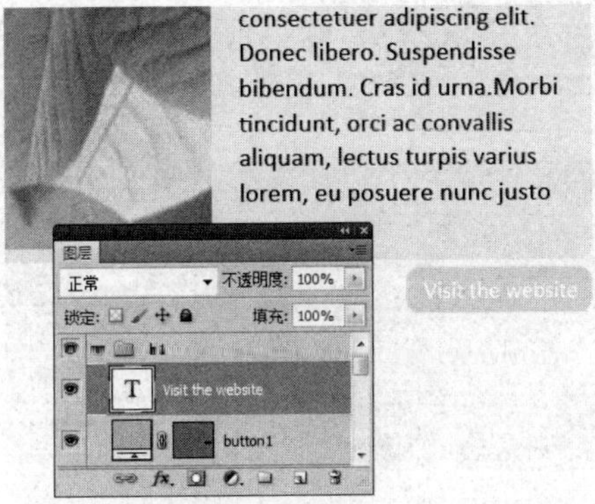

图 2-20 输入文字

图 2-21 绘制按钮后效果

任务 3 创建 3D 丝带

任务要求

本任务主要练习使用圆角矩形工具、渐变工具和路径的相关操作绘制 3D 丝带的效果。

任务分析

使用圆角矩形工具绘制 3D 丝带外轮廓，使用渐变工具和路径的相关操作添加 3D 效果。

操作步骤

(1) 选择矩形工具，创建一个高为 130 像素，颜色为＃b7f008 的矩形，将该图层命名为 ribbon background，如图 2-22 所示。

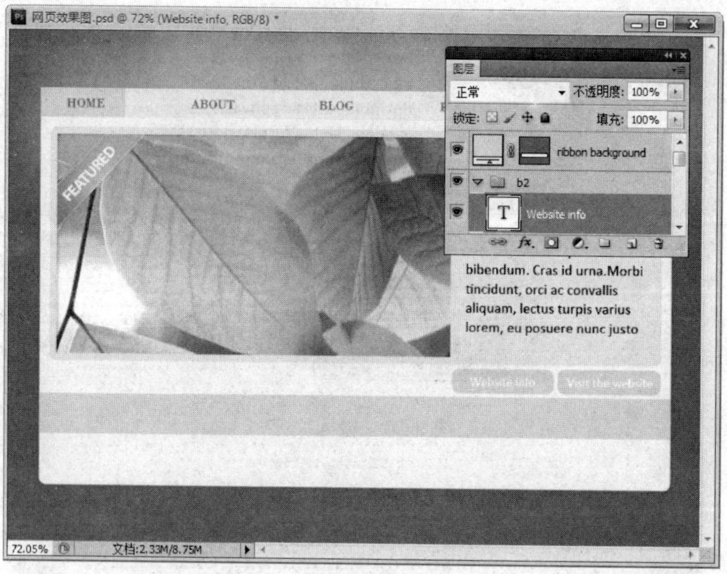

图 2-22　绘制形状图层

(2) 使用圆角矩形工具,设置圆角半径为 10 像素,在刚刚创建的矩形的左边的位置,绘制一个圆角矩形,完成后的效果如图 2-23 所示。

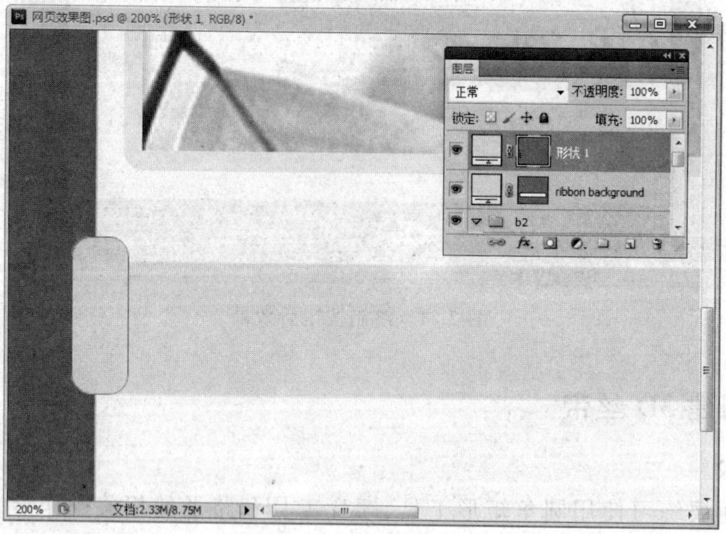

图 2-23　绘制圆角矩形

(3) 选中之前创建的圆角矩形的矢量蒙版。然后使用圆角矩形工具,在工具选项栏中选择“从形状中减去”选项,创建一个圆角矩形,完成后的效果如图 2-24 所示。

(4) 选中该层的矢量蒙版,按 Ctrl+Enter 键将其转换为选区。新建图层,使用渐变工具,创建一个由左至右、白色到透明的渐变,完成后的效果如图 2-25 所示。

(5) 设置该图层的混合模式为“叠加”,不透明度为 40%,命名为 highlight,如图 2-26 所示。

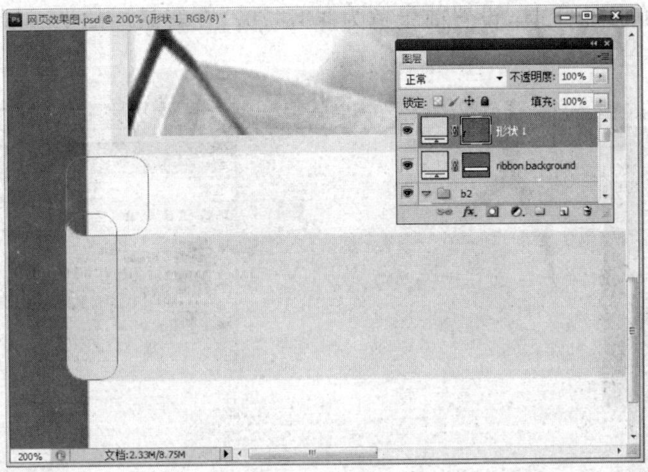

图 2-24　修改路径形状

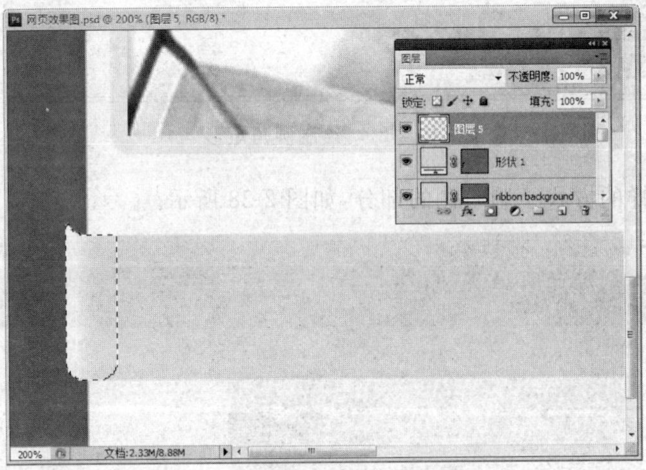

图 2-25　添加渐变填充

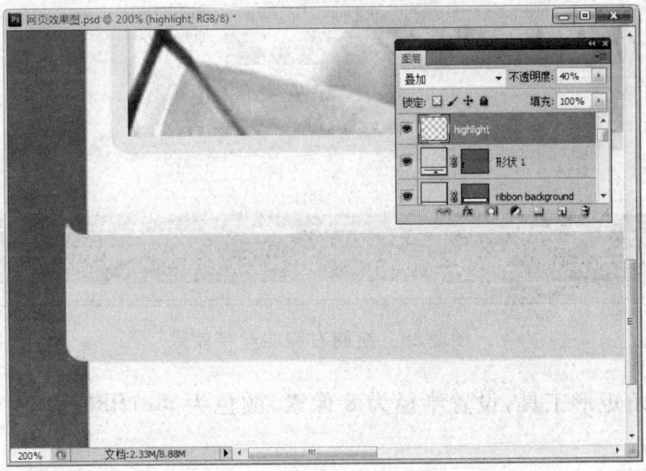

图 2-26　修改图层混合模式和透明度

(6) 使用圆角矩形工具，设置前景色为＃374707，在背景层的上一层创建一个圆角矩形，如图 2-27 所示。

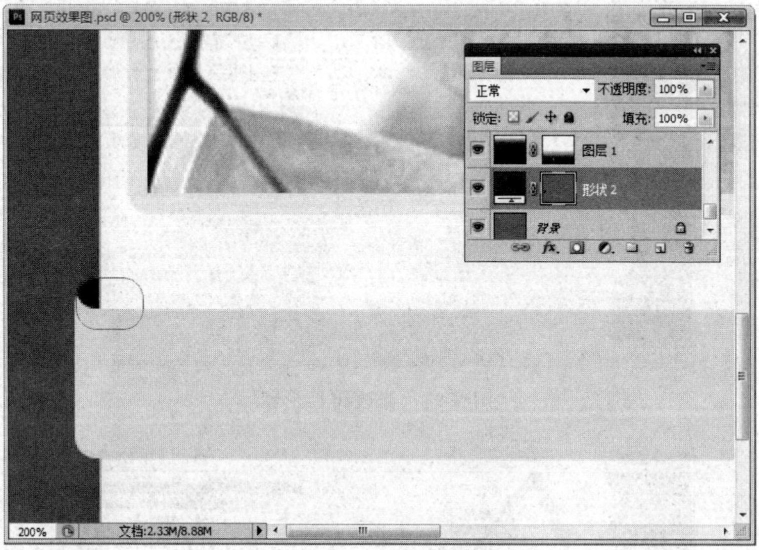

图 2-27　绘制圆角矩形

(7) 按照同样的方式绘制右侧的部分，如图 2-28 所示。

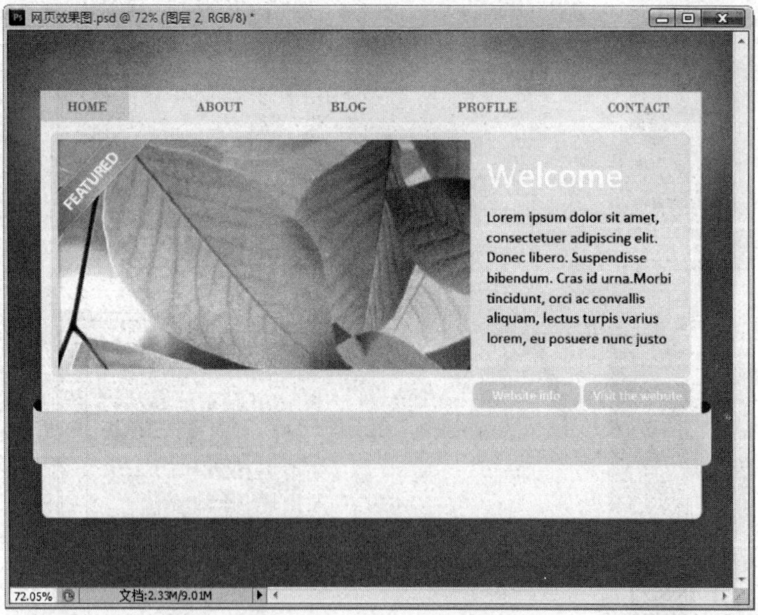

图 2-28　绘制右侧的丝带效果

(8) 使用圆角矩形工具，设置半径为 8 像素，颜色为＃e1ff86，创建 4 个圆角矩形，如图 2-29 所示。

(9) 使用文字工具，在页面中添加一些文字，如图 2-30 所示。

图 2-29　绘制丝带上的图片区域

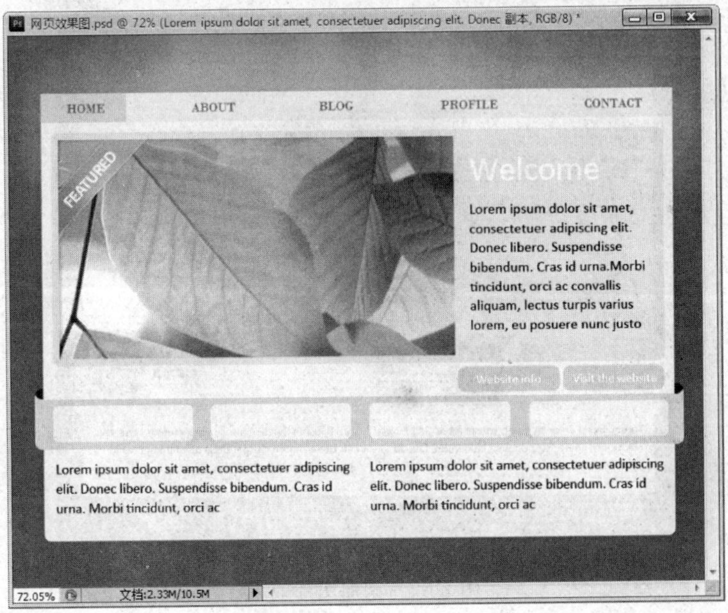

图 2-30　输入文字

(10) 使用文字工具，设置颜色为＃d0ff3f，在文档的顶端输入站点的名称，如图 2-31 所示。

(11) 为了让效果图更完整，可以选择 4 个图片，导入丝带上的 4 个圆角矩形中，如图 2-32 所示。

(12) 这样，一个完整的网页效果图就制作完成了。

图 2-31　输入站点名称

图 2-32　添加图片效果

2.2　制作网页切片

任务 4　制作网页切片

任务要求

本任务主要练习使用切片工具制作网页切片。

任务分析

将网页效果图制作完成后，还需要使用切片工具将其划分为网页切片，这样才便于在制作网页的过程中使用。

操作步骤

（1）选择工具栏中的切片工具，先将除背景以外的网页中间部分划分为一个切片，如图 2-33 所示。

图 2-33　做整体切片

（2）再将网页中间部分按照内容的不同划分为 6 行，如图 2-34 所示。

图 2-34　做行切片

（3）将第 1、3、5 行按照列来划分，分别划分为 5 列、2 列、4 列，完成效果如图 2-35 所示。

图 2-35　做列切片

（4）执行“文件”|“存储为 Web 和设备所用格式”命令，选择好保存的路径，将切片导出，如图 2-36 所示。

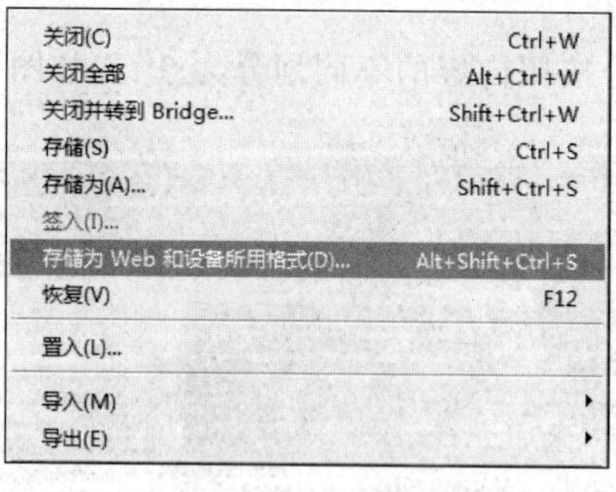

图 2-36　导出切片

（5）找到保存的路径，可以看到一个名为 images 的文件夹，里面是导出的网页切片，如图 2-37 所示。

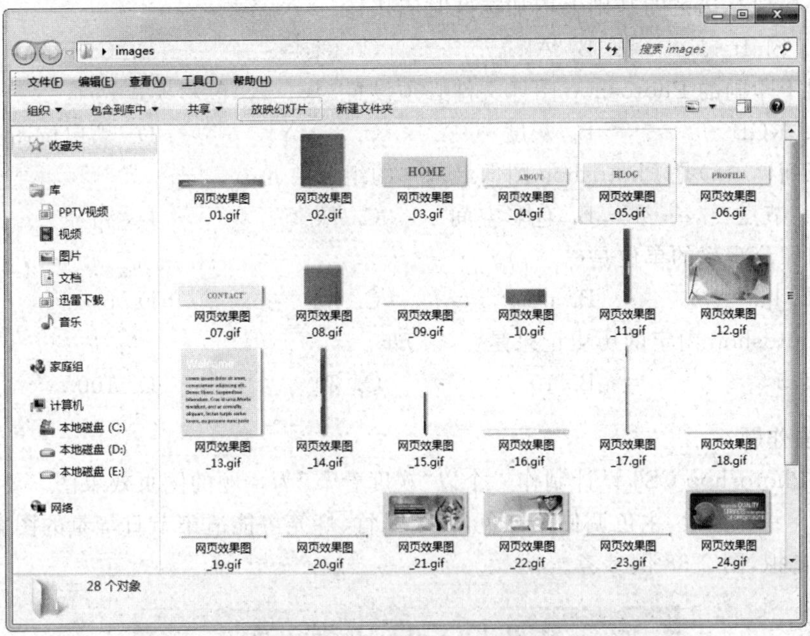

图 2-37　最后完成的切片图像

2.3　本章小结

通过本章的学习，读者对使用 Photoshop CS6 设计制作网页效果图有了比较深刻的了解，进一步熟练了路径工具、画笔工具的使用，以及图层和选区的相关操作。

2.4　习题 2

一、填空题

1. UI 是英文________的缩写。

2. ________是一种基于显示器显示的颜色模式，由光学三原色的________、________和________ 3 种颜色混合而成。

3. 请至少说明 GIF 格式的两种特点：________；________。

4. 请至少说出两种图像处理软件的名称：________、________。

二、选择题

1. 下列关于路径的描述正确的是(　　)。

　A. 路径可以是一段直线或一段曲线

　B. 路径的主要特点是精确性

　C. 可以用钢笔工具来制作路径

　D. Photoshop 中有专门的路径控制面板来实现

2. 要在现有选区的基础上增加选区时应按住(　　)键。

A. Shift　　B. Alt　　C. Ctrl　　D. Ctrl＋Alt

3. 用于印刷的 Photoshop 图像文件必须设置为(　　)色彩模式。

A. RGB　　B. 灰度　　C. CMYK　　D. 黑白位图

4. 下列(　　)是 Photoshop 图像最基本的组成单元。

A. 节点　　B. 色彩空间　　C. 像素　　D. 路径

5. 图像分辨率的单位是(　　)。

A. dpi　　B. ppi　　C. lpi　　D. pixel

6. Photoshop 内定的历史记录是(　　)步。

A. 5　　B. 10　　C. 20　　D. 100

三、操作题

使用 Photoshop CS6 设计制作一个以“欢度春节”为主题的网页效果图。要求图片尺寸为 1002×900 像素，主色调使用红色，使用爆竹、灯笼等能渲染节日气氛的图案，网页的栏目名称自拟，图 2-38 供参考。

图 2-38　参考样张

第 3 章

Dreamweaver CS6 网页制作入门

Dreamweaver CS6 是一款专业的 HTML 编辑器，它提供了可视化的网页设计工具，支持最新的 HTML 标准，包括动态 HTML，用于对 Web 站点、Web 页和 Web 应用程序进行设计、编码和开发。在编辑上用户可以选择可视化方式或者源码编辑方式。

利用可视化编辑功能，可以快速地创建页面而无须编写任何代码。

全面的编码环境，代码编辑工具提供完整代码颜色、代码标签等，以及 CSS 样式、JavaScript 等语言参考资料。

支持各种服务器技术，如 ASP. NET、ASP、JSP、PHP 等，可生成由动态数据库支持的 Web 应用程序。

学习目标

(1) 熟悉 Dreamweaver CS6 的安装和工作界面。

(2) 了解 Dreamweaver CS6 的新功能。

(3) 熟悉 Dreamweaver CS6 的基本操作。

(4) 通过实例的制作，了解 Web 文档的创建、文本的输入、段落的格式设置等。

3.1 Dreamweaver CS6 的安装、启动及新功能

3.1.1 安装

Dreamweaver 的安装非常简单，安装程序仅有一个安装包，双击执行，按照提示进行安装即可，如图 3-1 所示。

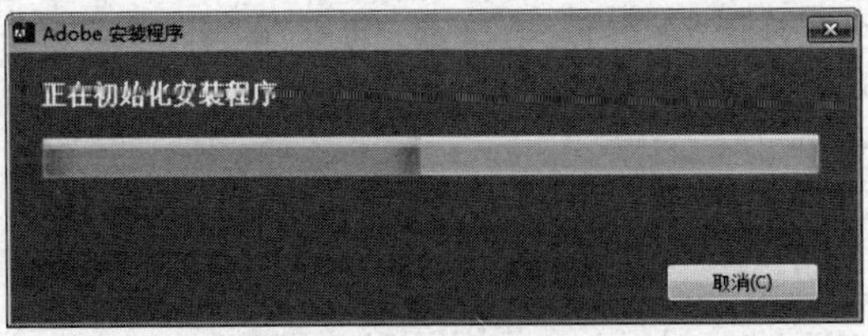

图 3-1　安装过程截图(1)

在 Dreamweaver 的安装程序窗口中单击“接受”按钮，如图 3-2 所示。

输入安装序列号、选择程序语言，然后单击“下一步”按钮，如图 3-3 所示。

选择要安装的组件，然后单击“安装”按钮，如图 3-4 所示。

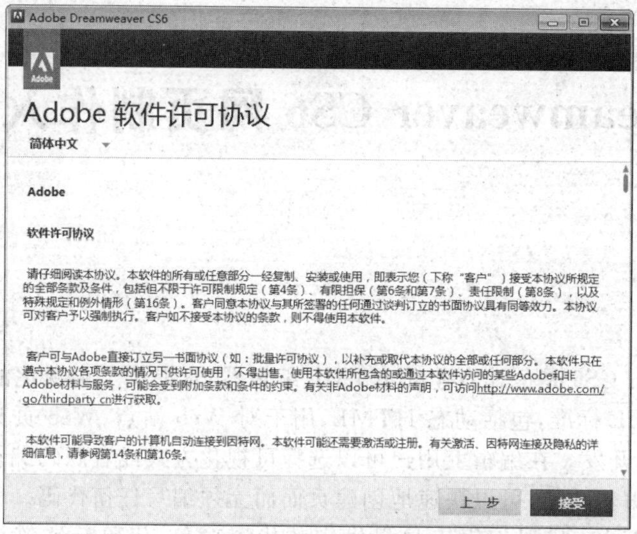

图 3-2　安装过程截图(2)

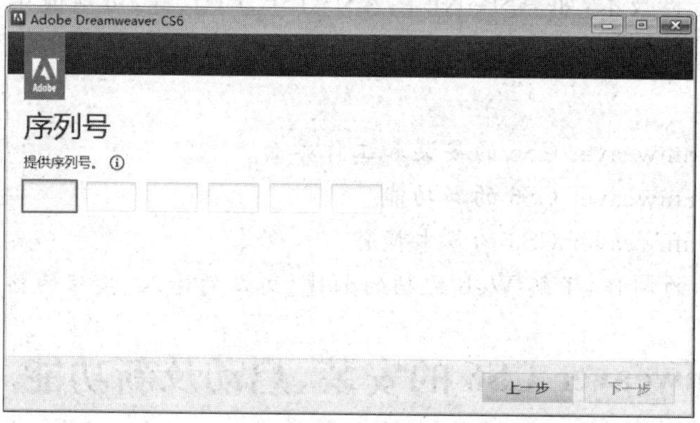

图 3-3　安装过程截图(3)

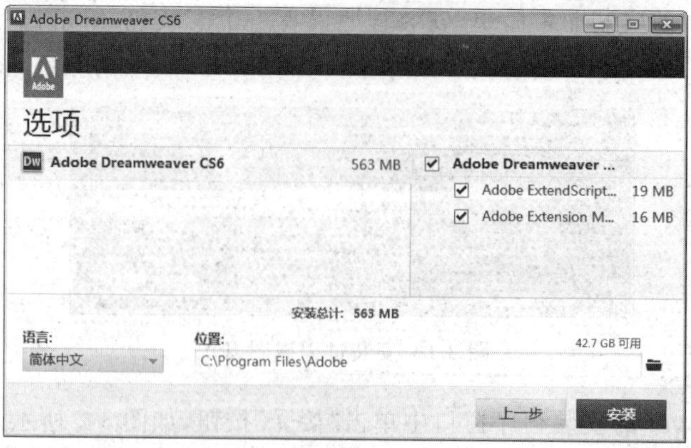

图 3-4　安装过程截图(4)

安装程序显示安装进度，如图 3-5 所示。

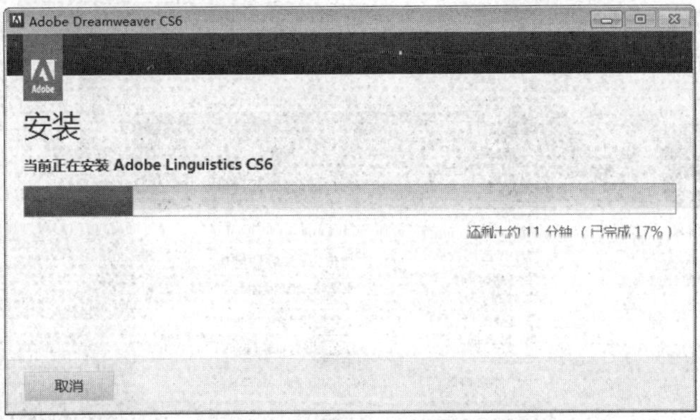

图 3-5　安装过程截图(5)

安装完成后，单击“立即启动”按钮，如图 3-6 所示。

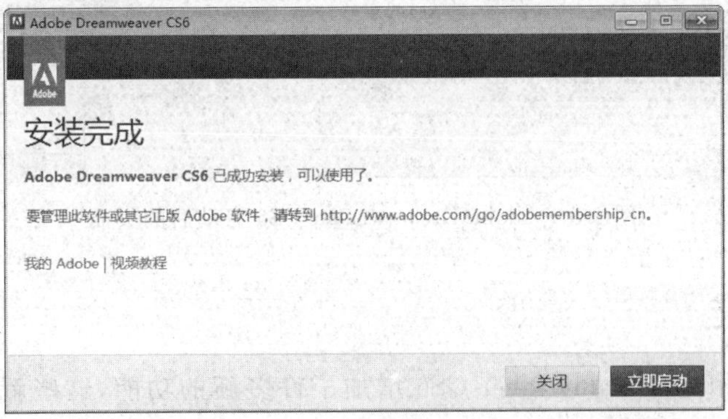

图 3-6　安装过程截图(6)

3.1.2　启动

在成功安装了 Dreamweaver CS6 之后，可以通过执行“开始”|“所有程序”|Adobe Dreamweaver CS6 命令来启动程序，也可在桌面双击 Adobe Dreamweaver CS6 的图标来启动程序。

首次启动程序会弹出“默认编辑器”窗口，在此单击“确定”按钮，如图 3-7 所示。

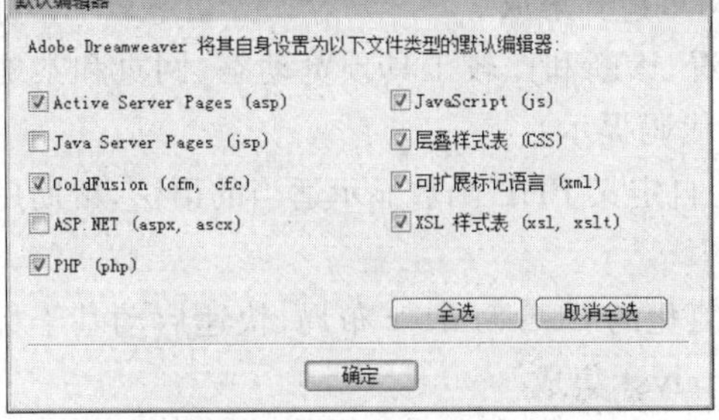

图 3-7　“默认编辑器”窗口

启动后的程序界面如图 3-8 所示。

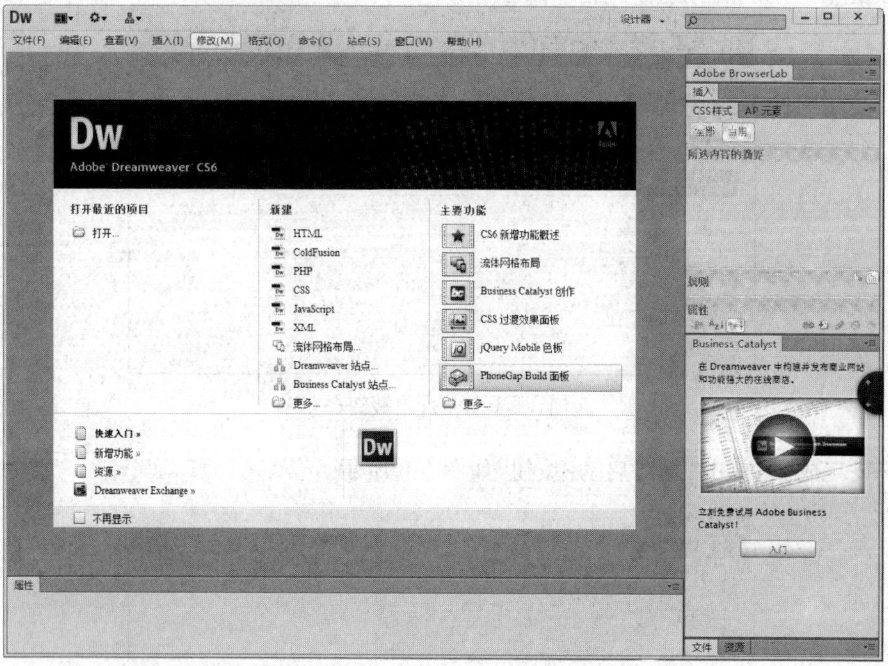

图 3-8 Adobe Dreamweaver CS6 启动后的页面

3.1.3 新功能

与以往版本相比，Dreamweaver CS6 增加了许多新的功能，这些新增功能增加了软件的易用性，这可以使用户更加方便、快捷地制作出漂亮的页面。现在，首先对 Dreamweaver CS6 的新功能进行简单的介绍。

(1) 集成 CMS 支持

通过集成 CMS 支持，用户可尽享对 WordPress、Joomla 和 Drupal 等内容管理系统框架的创作和测试支持。

(2) CSS 检查

Dreamweaver CS6 以可视方式显示详细的 CSS 框模型，用户可轻松切换 CSS 属性并且无须读取代码或使用其他实用程序。

(3) 与 Adobe BrowserLab 集成

用户可使用多个查看、诊断和比较工具预览动态、网页和本地内容。

(4) PHP 自定义类代码提示

Dreamweaver CS6 为自定义 PHP 函数显示适当的语法，帮助用户更准确地编写代码。

(5) CSS Starter 页

用户可借助更新和简化的 CSS Starter 布局，快速启动基于标准的网站设计。

(6) 与 Business Catalyst 集成

利用 Dreamweaver 与 Adobe Business Catalyst 服务(单独提供)之间的集成，无须编

程即可实现卓越的在线业务。

(7) 保持跨媒体一致性

用户可将任何本机 Adobe Photoshop 或 Illustrator 文件插入 Dreamweaver，即可创建图像智能对象，更改源图像，然后快速、轻松地更新图像。

(8) 增强的 Subversion 支持

借助增强的 Subversion 软件支持，用户可提高协作、版本控制的环境中的站点文件管理效率。

3.2　Dreamweaver CS6 工作界面介绍

Dreamweaver CS6 工作界面介绍由应用程序栏、菜单栏、选项卡式文档窗口、工具面板、属性面板、工作切换器、垂直停放面板组、编辑窗口组成，如图 3-9 所示。

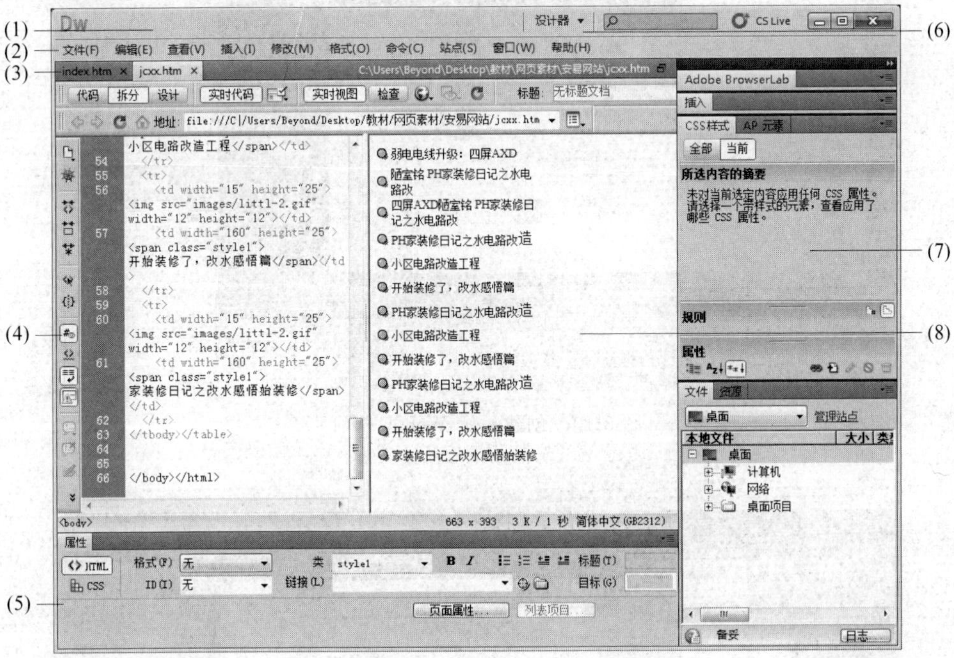

图 3-9　Dreamweaver CS6 工作界面

(1) 应用程序栏。

(2) 菜单栏：包括“文件”“编辑”“查看”“插入”“修改”“格式”“命令”“站点”“窗口”“帮助”等菜单，提供了 Dreamweaver CS6 的全部命令。

(3) 选项卡式文档窗口：用于切换同时编辑的不同文档。

(4) 工具面板：提供了常用的命令按钮，用户使用时方便快捷。

(5) 属性面板：用于对当前选中要素进行各种属性的设置。

(6) 工作切换器：用于切换用户角色。

(7) 垂直停放面板组：每个面板都可以关闭或打开，使用户可以很方便地使用需要的面板。

(8) 编辑窗口：用于显示正在编辑的网页文档，可以在设计视图、代码视图和拆分视图中分别查看与编辑文档。

3.3　创建一个 Web 文档

启动 Dreamweaver CS6，单击"文件"菜单中的"新建"命令，在弹出的"新建文档"对话框中直接单击右下方的"创建"按钮。这样就创建了一个 HTML 的 Web 文档，如图 3-10 和图 3-11 所示。

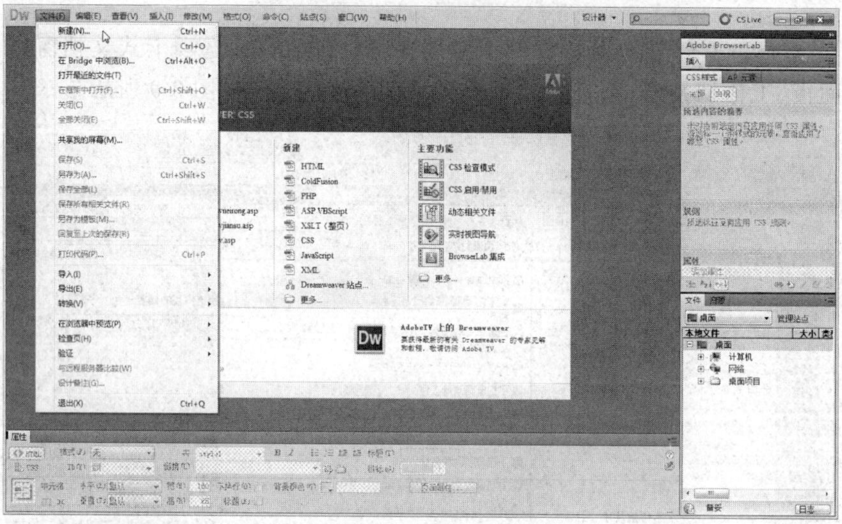

图 3-10　创建一个 Web 文档(1)

图 3-11　创建一个 Web 文档(2)

3.4 设置 Web 页面属性

在浏览器中浏览网页时，用户总会在浏览器的左上角看到此页面的标题，许多网站的页面都会使用固定的背景颜色或者图像背景，此外还有链接文本的颜色等，这些特征可由 Web 页面属性来控制。

单击"修改"菜单中的"页面属性"命令，弹出"页面属性"对话框。在这里可以设置关于整个网页文档的一些信息，如网页的背景、标题、链接的样式等，如图 3-12 和图 3-13 所示。

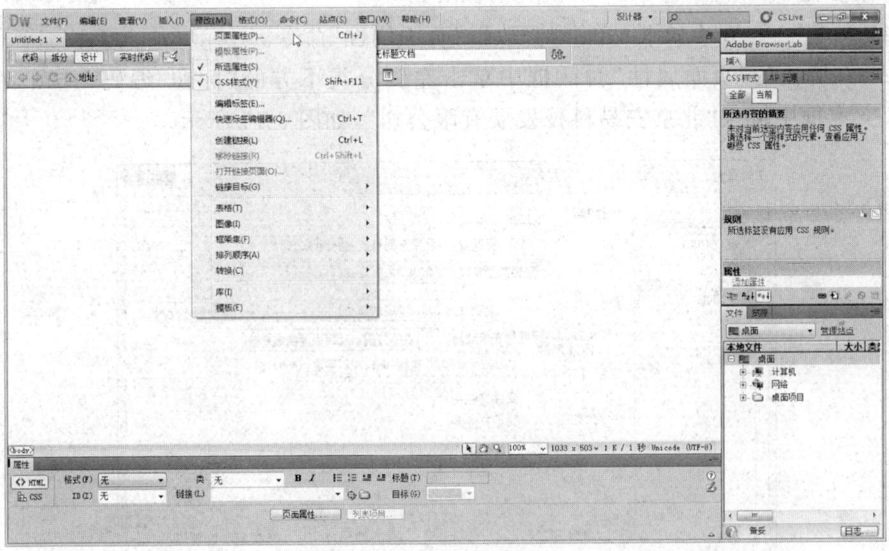

图 3-12 执行"页面属性"命令

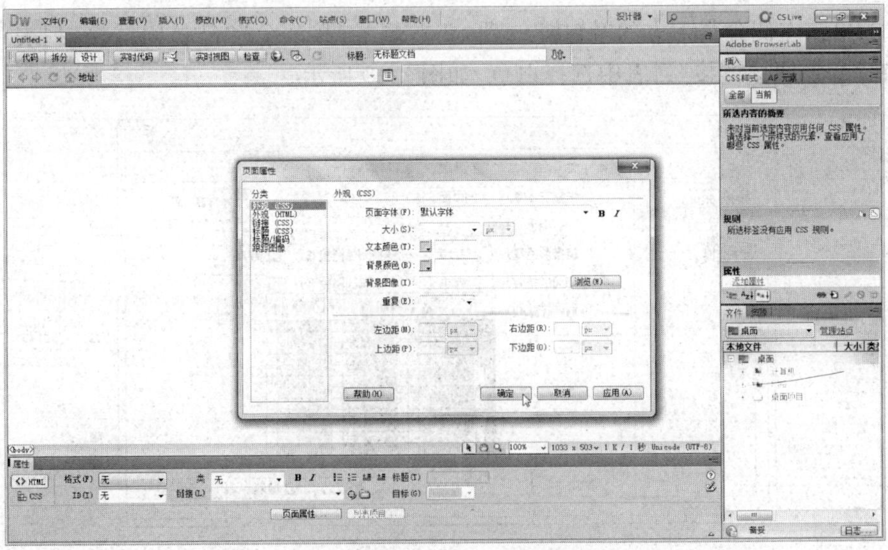

图 3-13 "页面属性"对话框

任务1　设置页面属性

任务要求

设置页面属性的显示标题为“北京安易科技发展有限公司”，链接颜色和已访问链接颜色为黄色，变换图像链接为白色。

任务分析

本任务主要练习页面属性的基本的操作，熟悉并掌握页面属性设置的基本流程。

操作步骤

(1) 新建一个 Web 文档，单击“修改”|“页面属性”命令。

(2) 在弹出的“页面属性”对话框中单击左侧分类下方的“标题/编码”选项，在右侧“标题”文本框中输入“北京安易科技发展有限公司”，如图 3-14 所示。

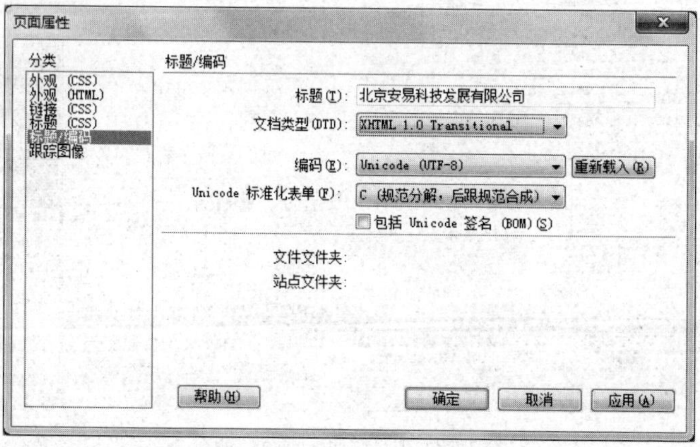

图 3-14　输入页面标题

(3) 单击左侧分类下方的“链接”选项，在右侧“链接颜色”“已访问链接”列表中选择黄色，在“变换图像链接”列表中选择白色，如图 3-15 所示。

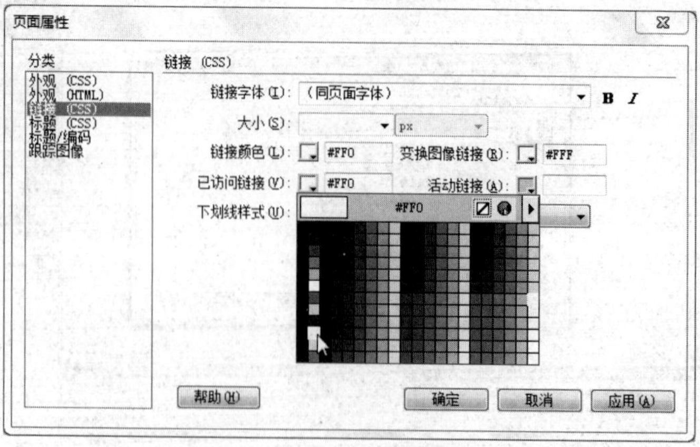

图 3-15　设置链接属性

(4) 单击“确定”按钮。

3.5 在 Web 中输入文本

在 Web 文档中输入文本是制作网页文档的最基本操作之一，其操作也非常简单，将光标定位在要输入文本处，直接输入即可。

任务 2 在 Web 中输入文本

任务要求

在 Web 文档的指定位置输入“弱电电线升级”。

任务分析

本任务主要练习如何在 Web 文档中输入文本。

操作步骤

打开案例文档 test3-1.html，将光标定位在要输入文本处，输入“弱电电线升级”，如图 3-16 所示。

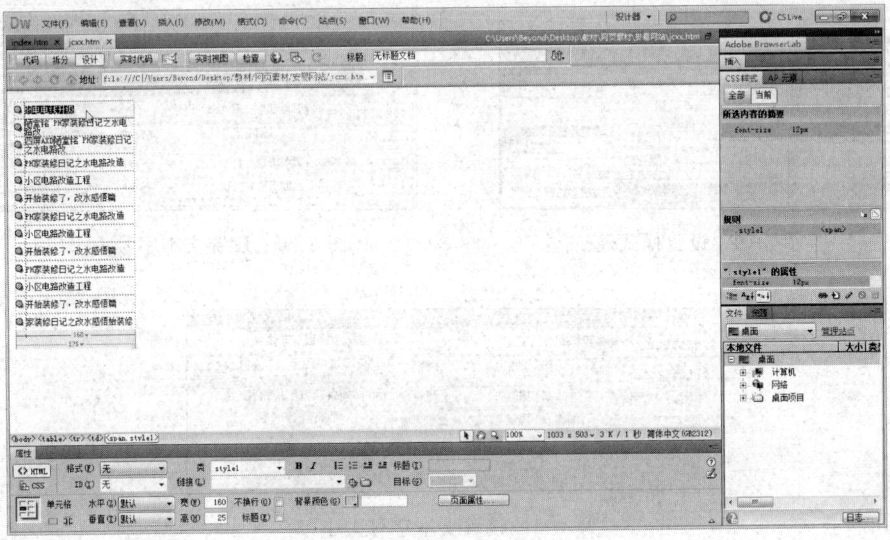

图 3-16 在 Web 文档中输入文本

3.6 格式化文本

在 Web 文档中输入的文本，还需要设置文本的属性，包括字体、字号、颜色、样式等，这些设置选项均位于 Dreamweaver CS6 窗口下方的属性面板中。

(1) 格式：主要用于设置文章标题的文本大小，如图 3-17 所示。

(2) 字体：用于设置选中文本的字体，如图 3-18 所示。

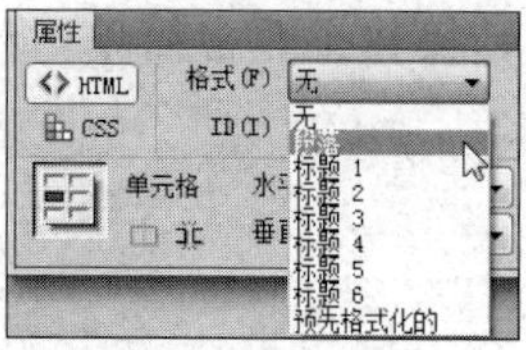

图 3-17 设置格式

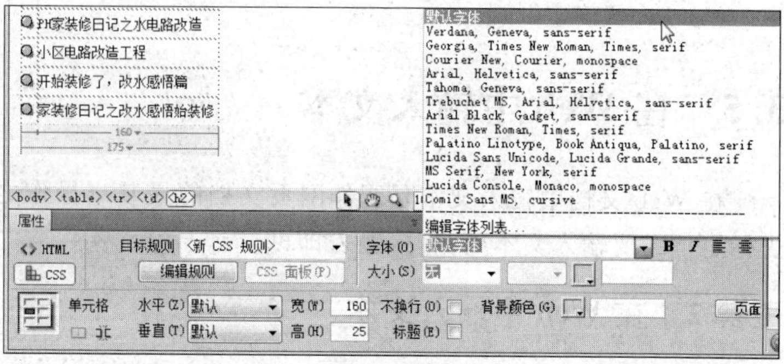

图 3-18 设置字体

(3) 样式：用于设置选中文本的自定义好的 CSS 样式，如图 3-19 所示。

(4) 大小：用于设置选中文本的字号大小。还可以从中选择字号的单位，包括像素、点数、英寸等，如图 3-20 和图 3-21 所示。

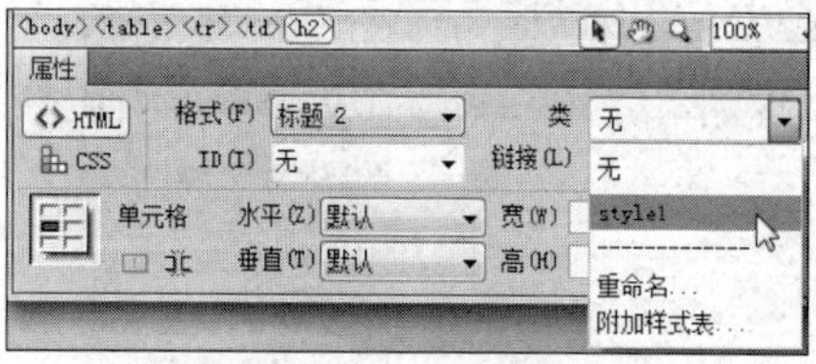

图 3-19 设置样式

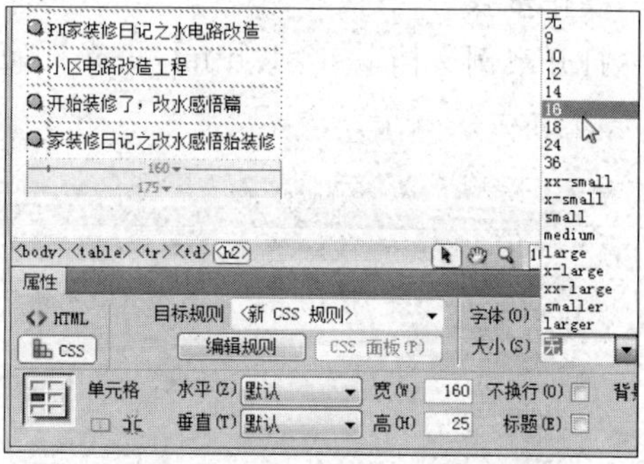

图 3-20 设置文本字号大小(1)

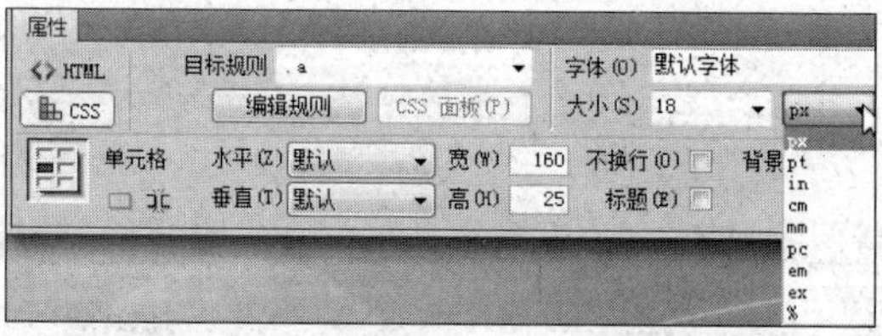

图 3-21 设置文本字号大小(2)

(5) 颜色：用于设置选中文本的颜色，如图 3-22 所示。

(6) 粗体、斜体、对齐方式：粗体、斜体用于设置选中文本的粗体和斜体方式。对齐方式用于设置选中文本的对齐方式，包括左对齐、居中、右对齐、两端对齐，如图 3-23 所示。

(7) 项目列表和编号：用于设置选中文本加入项目列表或编号列表，如图 3-24 所示。

(8) 文本凸出和文本缩进：文本凸出用于设置选中文本向左侧凸出一级，文本缩进用于向右侧缩进一级，如图 3-25 所示。

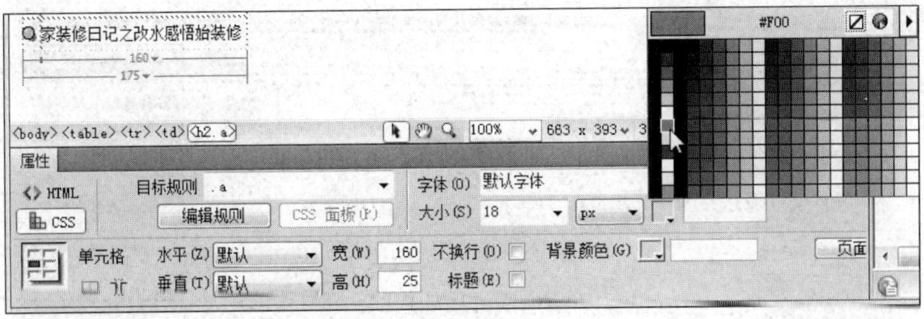

图 3-22 设置文本颜色

图 3-23 设置粗体、斜体、对齐方式

图 3-24 设置项目列表和编号

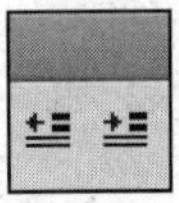

图 3-25 设置文本凸出和文本缩进

(9) 链接和目标：链接用于设置文本的超链接，链接输入框右方的“浏览文件”图标用于指定链接文件。目标用于设置超链接的打开方式，如图 3-26 所示。

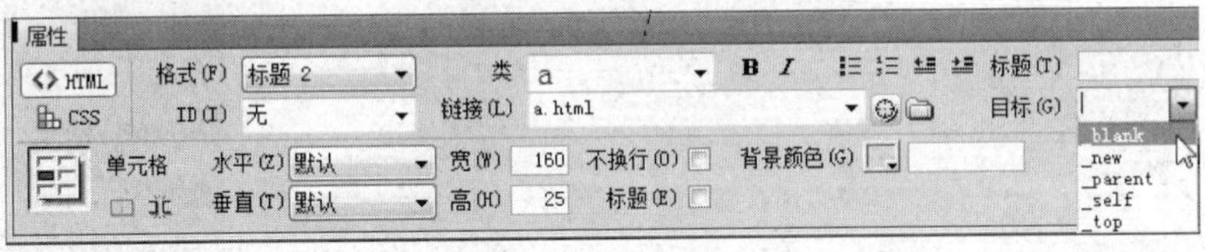

图 3-26 设置链接和目标

任务 3 格式化文本

任务要求

设置标题“地暖采暖优点”大小为 24 磅、加粗、默认字体，设置“制作维护 北京安易科技发展有限公司”大小为 12 磅、红色。

任务分析

本任务主要练习如何格式化 Web 文档中的文本。

操作步骤

(1) 打开案例文档 test3-2.html，选中标题“地暖采暖优点”，在属性面板中设置其大小为 24 磅、加粗、默认字体，如图 3-27 所示。

(2) 选中“制作维护 北京安易科技发展有限公司”，在属性面板中设置其大小为 12 磅、红色，如图 3-28 所示。

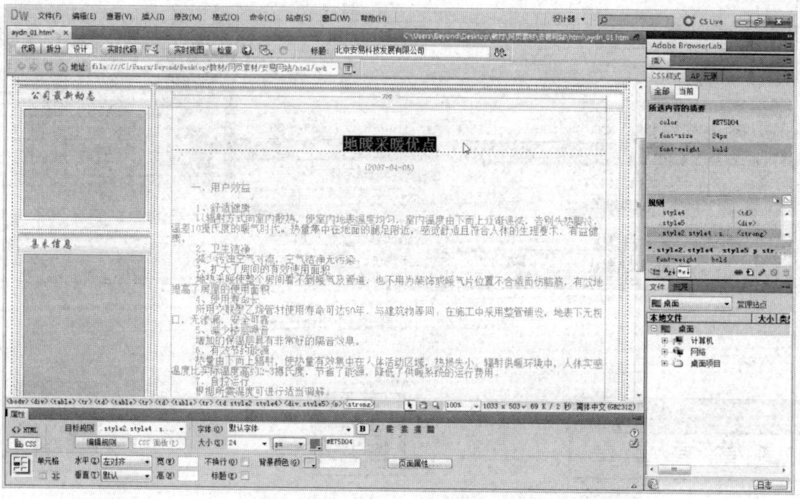

图 3-27　设置文本的属性(1)

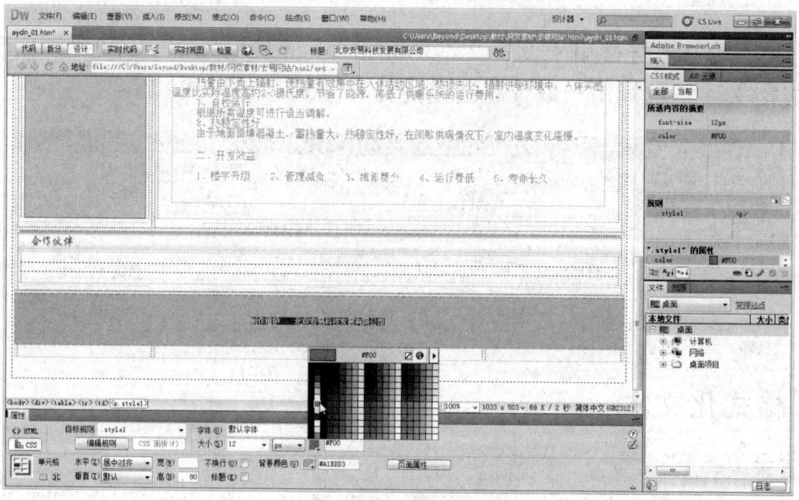

图 3-28　设置文本的属性(2)

3.7　插入特殊文本元素

除上述插入文本的方法外，还可以在页面中插入特殊文本元素。

任务 4　插入日期

任务要求

在指定位置插入日期，并设置日期格式。

任务分析

插入日期功能是制作 Web 文档的常用功能之一。本任务主要练习如何在文档中插入日期。

操作步骤

（1）打开案例文档 test3-3. html，将光标定位在指定位置，在菜单栏中单击“插入”|“日期”命令，如图 3-29 所示。

（2）在弹出的对话框中选择日期格式，然后单击“确定”按钮，如图 3-30 所示。

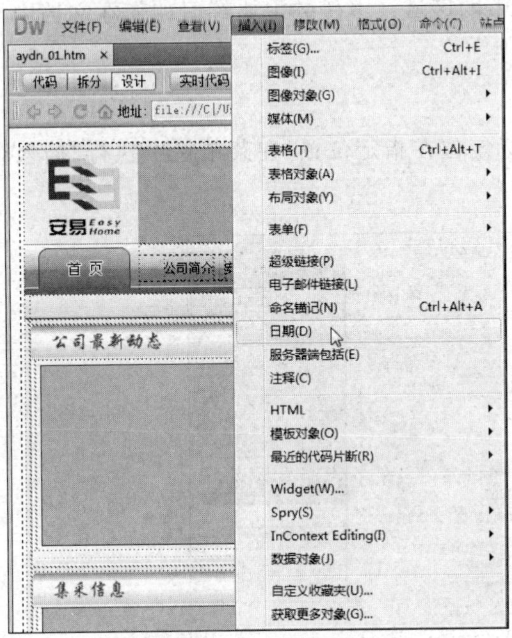

图 3-29　插入日期

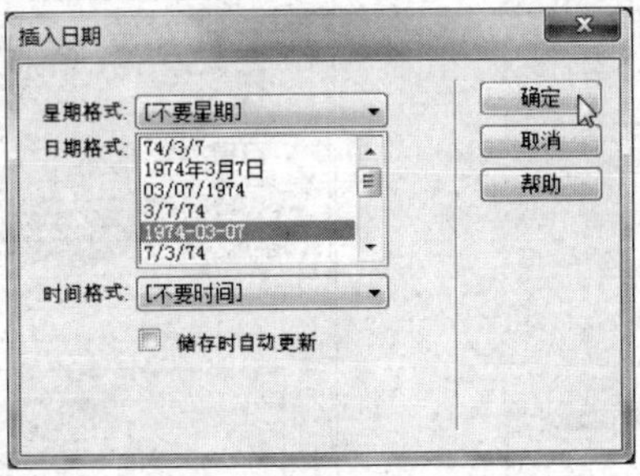

图 3-30　“插入日期”对话框

（3）插入日期后的效果如图 3-31 所示。

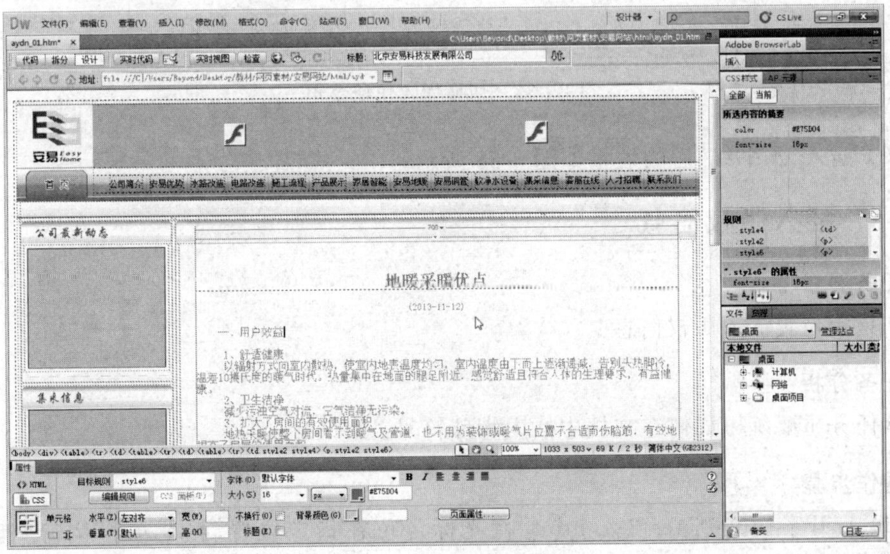

图 3-31　插入日期后的效果

任务 5　插入水平线

任务要求

在指定位置插入水平线。

任务分析

水平线通常用于 Web 文档中分隔页面中的区域。本任务主要练习如何在文档中插入水平线。

操作步骤

(1) 打开案例文档 test3-4.html，将光标定位在指定位置，在菜单栏中执行“插入”|HTML|“水平线”命令，如图 3-32 所示。

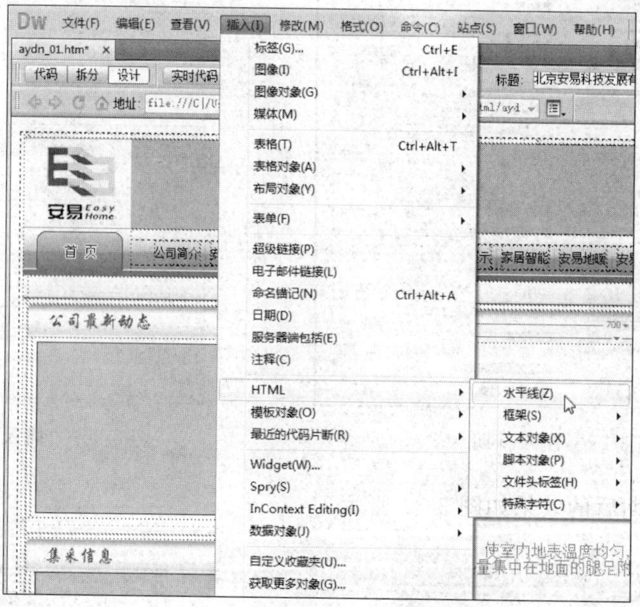

图 3-32　切换插入快捷菜单

(2) 插入“水平线”后的效果如图 3-33 所示。

任务 6　插入版权信息

任务要求

在指定位置插入版权信息。

任务分析

本任务主要练习如何在文档中插入特殊符号。

操作步骤

(1) 打开案例文档 test3-5.html，将光标定位在指定位置，在菜单栏执行“插入”|HTML|“特殊字符”|“版权”命令，如图 3-34 所示。

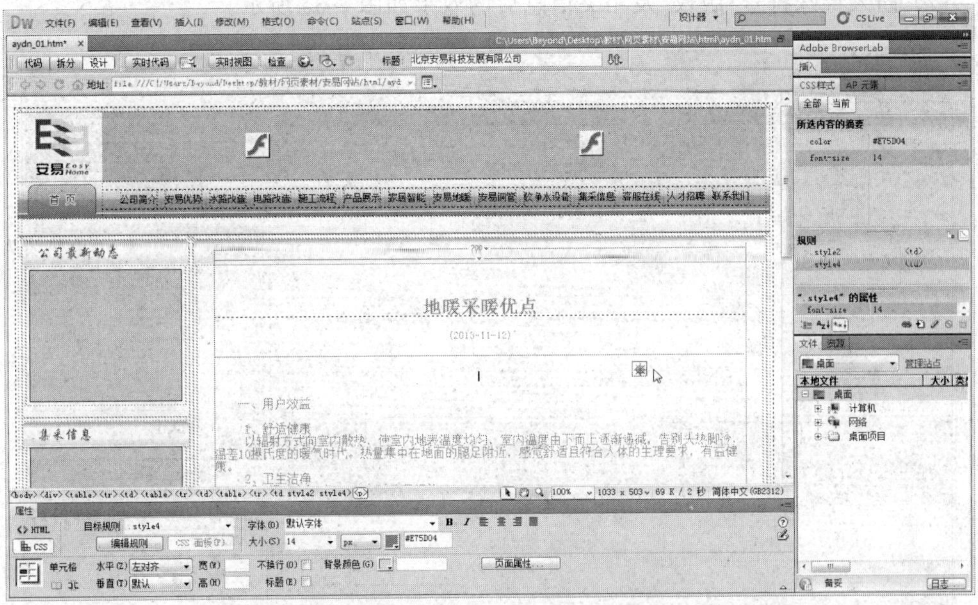

图 3-33　插入"水平线"后的效果

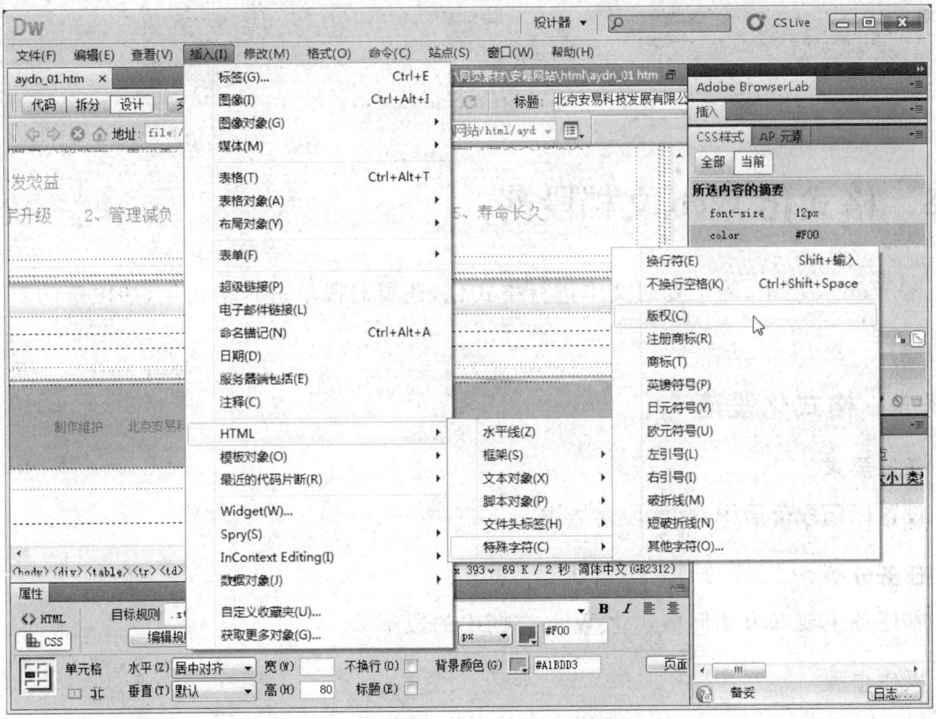

图 3-34　插入特殊符号

(2) 插入特殊符号“版权”及相关信息后的效果如图 3-35 所示。

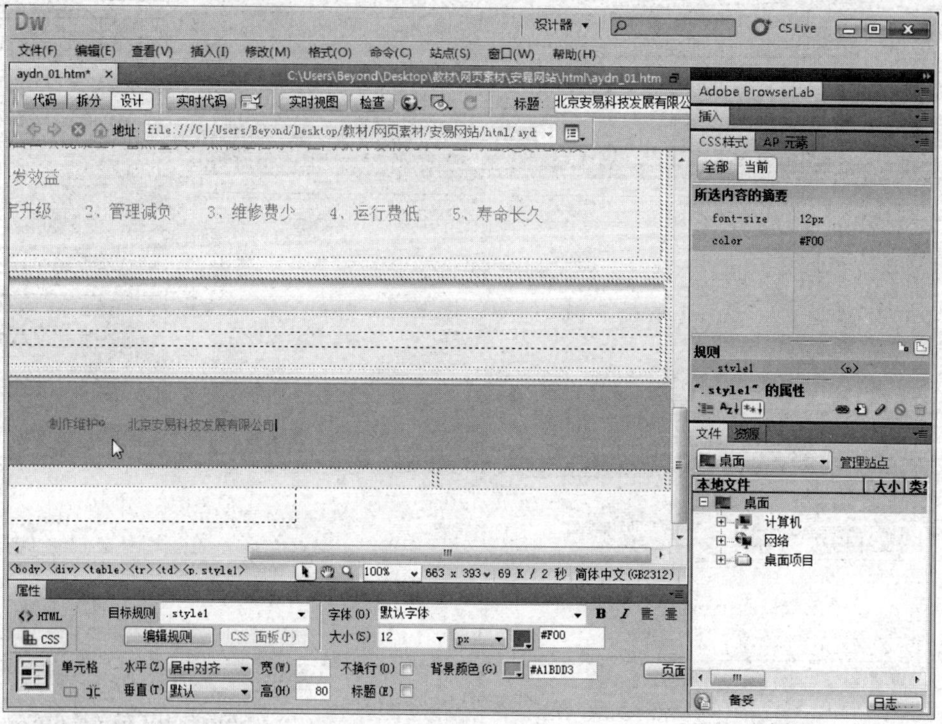

图 3-35　插入版权信息后的效果

3.8　格式化 Web 文档段落

在 Web 文档中，除了要对文本进行格式化，还要对段落进行格式化，如段落的对齐方式等。

任务 7　格式化段落

任务要求

设置标题段落居中，落款段落居中。

任务分析

本任务主要练习如何格式化 Web 文档中的段落。

操作步骤

(1) 打开案例文档 test3-6.html，选中标题段落，在属性面板中设置居中对齐。

(2) 选中落款段落，在属性面板中设置居中对齐，如图 3-36 所示。

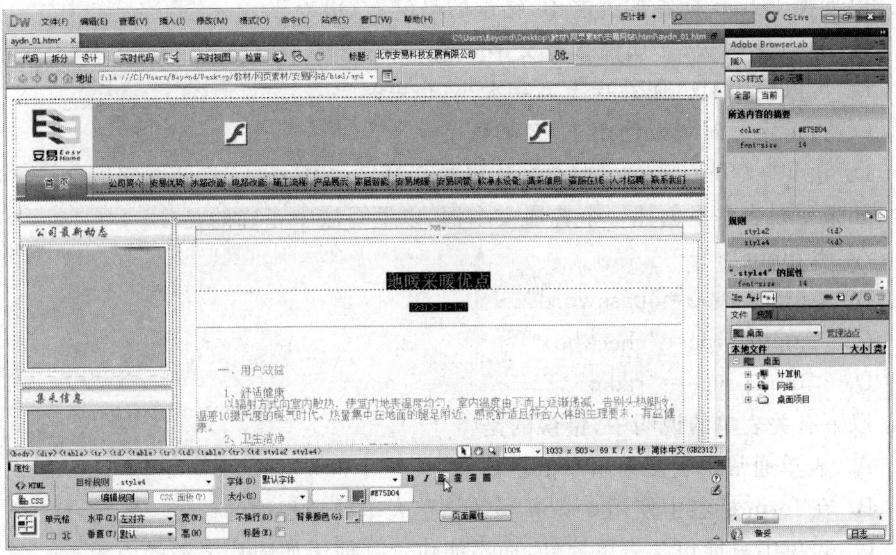

图 3-36　格式化段落

3.9　本章小结

通过本章的学习，读者应该对 Dreamweaver CS6 有了初步的认识，并且应该了解 Dreamweaver CS6 工作界面的各部分功能，掌握 Web 文档的建立、页面属性的设置、文本的输入、段落的格式化等内容。

3.10　习题 3

一、填空题

1. 在 Dreamweaver 中，超链接目标路径有两种类型，分别是________、________。
2. 网页是指采用________语言编写的，可以在浏览器下浏览的一种文档。
3. 若某网页背景颜色设置为＃0fffff，则背景的颜色为________。
4. 采用目录与________结合的办法，可以实现在长的网页文档内部跳转的功能。
5. 对文件进行超级链接设定，选中文字，鼠标右键打开属性________项中输入需要链接的 URL 即可。

二、选择题

1. 以下有关列表的说法中，错误的是(　　)。

   A. 有序列表和无序列表可以互相嵌套

   B. 指定嵌套列表时，也可以具体指定项目符号或编号样式

   C. 无序列表应使用 ul 和 li 标签进行创建

   D. 在创建列表时，li 标签的结束标签不可省略

2. 以下关于font标签的说法中，错误的是(　　)。
   A. 可以使用color属性指定文字颜色
   B. 可以使用size属性指定文字大小(也就是字号)
   C. 指定字号时可以使用1～7的数字
   D. 语句"<font size="+2">这里是2号字</font>"将使文字以2号字显示
3. 如果要在表单里创建一个普通文本框，以下写法中正确的是(　　)。
   A. <input>
   B. <input type="password">
   C. <input type="checkbox">
   D. <input type="radio">
4. 以下有关表单的说明中，错误的是(　　)。
   A. 表单通常用于搜集用户信息
   B. 在form标签中使用action属性指定表单处理程序的位置
   C. 表单中只能包含表单控件，而不能包含其他诸如图片之类的内容
   D. 在form标签中使用method属性指定提交表单数据的方法

三、问答题

1. 试描述HTML的基本语法，用简单网页的源代码示例。
2. 什么是网页模板？如何在Dreamweaver中建立模板与使用模板？

四、操作题

创建一个Web文档，粘贴一篇有关国庆60周年的文章，并对其文本、段落进行各种属性设置，如字体、字号、颜色、加粗、斜体、对齐方式等。

第 4 章

Flash CS6 网页动画制作

Flash CS6 是动画制作与特效制作的优秀软件。Flash CS6 对开发人员更加友好，它可以和 Flash Builder(即最新版本的 Flex Builder)协作来完成项目。

Flash CS6 具有以下六大特点。

(1) XFL 格式。XFL 格式变成了 FLA 项目的默认保存格式。XFL 格式是 XML 结构。从本质上讲，它是一个包含所有素材的项目文件，其中还包括 XML 元数据信息。它也可以作为一个未压缩的目录结构单独访问其中的单个元素使用，使软件之间的穿插协助更加容易。

(2) 文本布局(Flash 专业版)。Flash Player 10 已经增强了文本处理能力，这样为 CS6 在文字布局方面提供了机会。Flash CS6 Professional 在垂直文本、外国字符集、间距、缩进、列及优质打印等方面都有所提升。提升后的文本布局，可以让用户轻松控制打印质量及排版文本。

(3) 代码片段库(Flash 专业版)。以前只有在专业编程的 IDE 才会出现的代码片段库，现在也出现在 Flash CS6，这也是 CS6 的突破，在之前的版本都没有。Flash CS6 代码库可以让用户方便地通过导入和导出功能，管理代码。代码片段库可以让用户更快掌握 Actionscript，为项目带来更大的创造力。

(4) Flash Builder 完美集成。Flash CS6 可以轻松和 Flash Builder 进行完美集成。用户可以在 Flash 中完成创意，在 Flash Builder 完成 Actionscript 的编码。Flash 还可以创建一个 Flash Builder 项目。让 Flash Builder 来做最专业的 Flash Actionscript 编辑器。

(5) Flash Catalyst 完美集成。Flash Catalyst 可以将团队中的设计及开发快速串联起来。自然 Flash 可以与 Flash Catalyst 完美集成。Photoshop、Illustrator、Fireworks 的文件无须编写代码，就可完成互动项目。

(6) Flash Player 10.1 无处不在。Flash Player 已经进入了多种设备，不再停留在台式机、笔记本上，现在上网本、智能手机及数字电视都安装了 Flash Player。作为一个 Flash 开发人员，无须为每个不同规格设备重新编译，就可让作品部署到多设备上。Flash 表现出强大的优势。

学习目标

(1) 熟悉 Flash CS6 的基本操作。

(2) 通过实例的制作,了解 Flash 动画的一般步骤,进而掌握 Flash CS6 不同动画类型的操作方法。

4.1 熟悉 Flash CS6 基本概念和操作界面

要创建动画,用户首先要了解它的工作环境,了解一些基本概念,如舞台、图层、帧与关键帧。本节主要介绍这方面的情况。

启动 Flash CS6,可以看到它的操作界面,如图 4-1 所示。Flash CS6 的工作界面主要有舞台、工具箱、时间轴、属性面板和多个控制面板等几个部分。

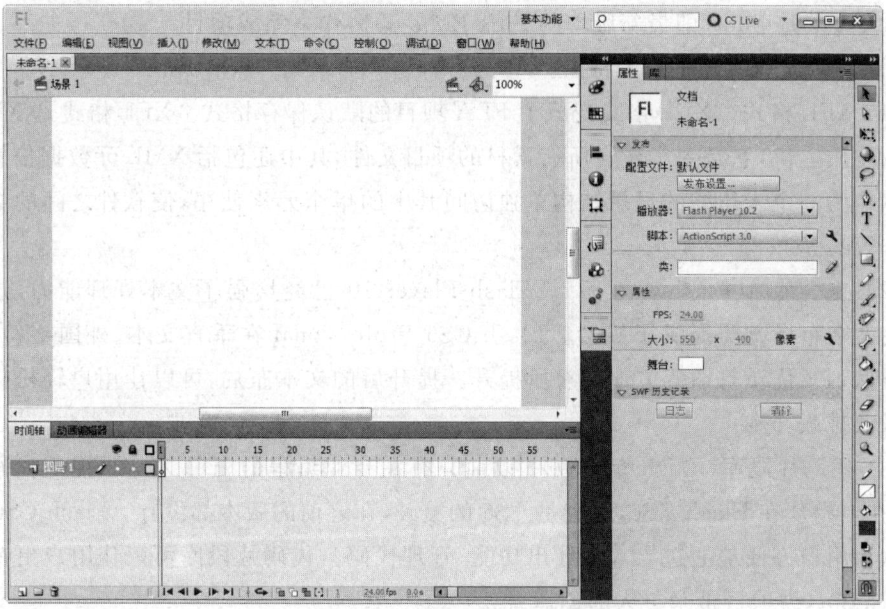

图 4-1 Flash CS6 的工作界面

操作界面由以下 4 个主要部分组成。

(1) 舞台,即动画播放的区域,是在回放过程中显示图形、视频、按钮等内容的位置。打开 Flash 后,单击“创建新项目”|“Flash 文档”命令,桌面上就会显示一个宽为 550 像素、高为 400 像素的白色舞台。如果要改变舞台的属性,执行“修改”|“文档”命令,可以在文档属性面板中重新设置其大小和背景色等。

(2) 时间轴,用来通知 Flash 显示图形和其他项目元素的时间,也可以使用时间轴指定舞台上各图形的分层顺序,位于较高图层中的图形显示在较低图层中的图形的上方。时间轴面板由图层面板、帧面板、播放头 3 部分组成。时间轴面板是制作动画的重要部位。

(3) Action Script 代码,可用来向文档中的媒体元素添加交互式内容。例如,可以添加代码以便用户在单击某按钮时显示一幅新图像，还可以使用 Action Script 向应用程序添加逻辑。逻辑使应用程序能够根据用户的操作和其他情况采取不同的工作方式。Flash 包括两个版本的 Action Script，可满足创作者的不同具体需要。

(4) 库面板，Flash 显示 Flash 文档中的媒体元素列表的位置。

Flash 动画通常由几个场景组成，而一个场景则由几个图层组成，每个图层又由许多帧组成。一个帧就有一幅图片，几幅略有变化的图片连续播放，就成了一个简单动画。

图层分普通层、引导层、遮罩层等。普通图层就像没有厚度的透明纸，上图层的图形可以覆盖下图层的图形。单击时间轴面板左下方的"插入图层"按钮，即可播放一个普通层。欲调整图层的上下关系，只须将光标置于要调整的层上，按住左键，将其拖动到想放置的位置后松开鼠标即可。

帧分普通帧、关键帧和空白关键帧。用选择工具选中某一帧右击，执行"插入帧"|"插入关键帧"或"插入空白关键帧"命令，即可分别插入一个普通帧、关键帧或空白关键帧。插入普通帧，可以延长图形存在的时间；插入关键帧，可以复制前一关键帧上的所有内容并进行必要的编辑；插入空白关键帧，可以编辑任何对象。

场景，初始状态的场景只有一个，默认名是"场景 1"，通常称它为主场景。执行"插入"|"场景"菜单命令，即可插入一个新场景。单击时间轴右上方的场景按钮，可以选择需要编辑的场景。执行"窗口"|"其他面板"|"场景"菜单命令，在打开的"场景"对话框中可以更好地管理场景，包含增加、删除、重命名、改变顺序等基本操作。

完成 Flash 源文档的创作后，可以使用"文件"|"发布"菜单命令进行发布，这将会创建源文件的一个压缩版本，其扩展名为.swf。这样就可以使用 Flash Player 在 Web 浏览器中播放 SWF 文件，或者将其作为独立的应用程序进行播放。

4.2　逐帧动画的制作

逐帧动画会在每一帧中改变舞台里的内容，即每一帧都是关键帧。关键帧在时间轴中标明：有内容的关键帧以该帧前面的实心圆表示，而空白的关键帧则以该帧前面的空心圆表示。以后添加到同一层的帧的内容将和关键帧相同，如图 4-2 所示，第 1 帧是关键帧，第 15 帧是空白关键帧。

图 4-2　关键帧和空白关键帧

每个新关键帧最初包含的内容与其前面的关键帧是相同的，因此可以递增地修改动画中的帧。

任务 1　制作倒计时逐帧动画

任务要求

新建一个名为"任务 1"的动画，制作如图 4-3 所示的倒计时动画。

图 4-3　倒计时动画的效果图

任务分析

本任务主要要求掌握逐帧动画的概念，通过本案例的操作理解制作逐帧动画的精华所在：要创建逐帧动画，需要将每个帧都定义为关键帧，然后给每帧创建不同的图像。

操作步骤

(1) 设定舞台尺寸和背景。

新建一个 Flash 文档，利用文档属性面板将舞台设置为黑色背景。然后，双击“图层 1”，将“图层 1”重命名为“背景”。

(2) 绘制背景图像。

选择椭圆工具，按住 Shift 键在舞台上绘制一个正圆，利用属性面板进行如下设置：填充色为无色、笔触色为白色、笔触线宽度为 2。画好之后，“背景”层的第 1 帧就变为关键帧，如图 4-4 所示。

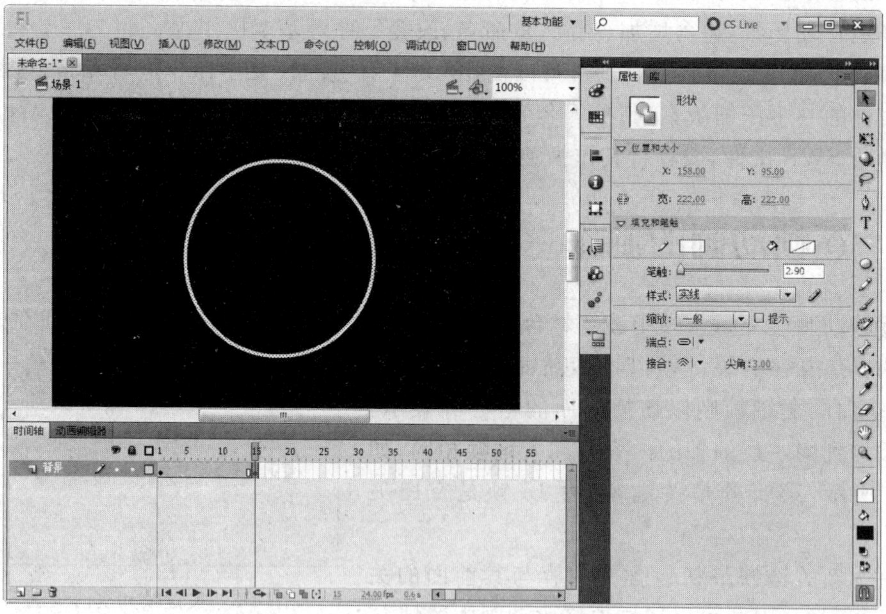

图 4-4　背景层的第 1 帧

(3) 单击时间轴左下方的“插入新层”按钮，并将“图层 2”改名为“计数”。然后单击“背景”层上面的“加锁”标记，锁定“背景”层，便于后面的操作不会影响“背景”层。

(4) 在“计数”层的第 1 帧上使用文字工具，输入数字 5，并设置其字体为黑体、白色、20 磅；如果大小不满意，可以单击任意变形工具，调整手柄，使之符合需求。将“背景”层解锁，然后使用选择工具，将数字和正圆同时选中，利用如下任一操作打开如图 4-5 所示的对齐面板。

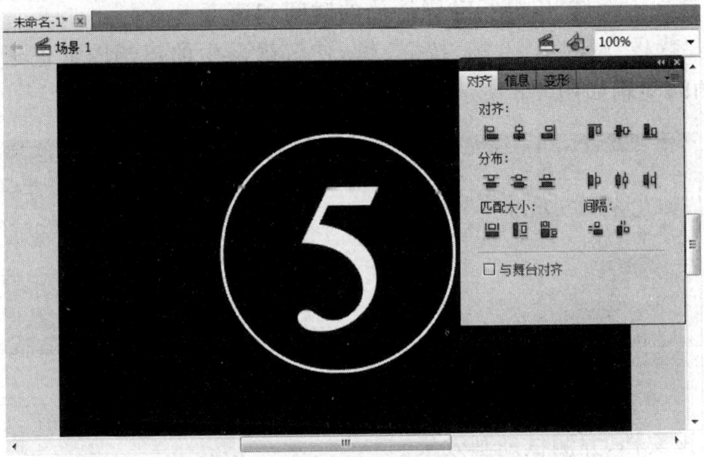

图 4-5 利用对齐面板排列对象

① 执行“窗口”|“对齐”菜单命令。

② 直接按快捷键 Ctrl＋K。

提示：使用对齐面板能够沿水平或垂直轴对齐所选的对象，可以沿所选对象的右边缘、中心或左边缘垂直对齐对象，或者沿所选对象的上边缘、中心或下边缘水平对齐对象。边缘由包含每个所选对象的边框决定。使用对齐面板，可以将所选对象按照中心间距或边缘间距相等的方式进行分布；可以调整所选对象的大小，使所选对象的水平或垂直尺寸与所选最大对象的尺寸一致；还可以将所选对象与舞台对齐。对所选对象可以应用一个或多个对齐选项。

(5) 在面板中单击“相对于舞台”按钮，然后再选择“垂直中齐”和“水平中齐”按钮，使正圆和文字同时摆放在舞台的正中心。

(6) 在“计数”层上单击第 1 帧，然后按 4 次 F6 键，将第 1 帧复制到第 2～5 帧。再分别选中每一个关键帧，双击文字，依次修改数字为 4、3、2、1，如图 4-6 所示。

(7) 此时会发现在第 2～5 帧中，“背景”层的正圆不见了。单击“背景”层的第 5 帧，按 F5 键，插入普通帧，使其延续到动画结束，时间轴如图 4-7 所示。

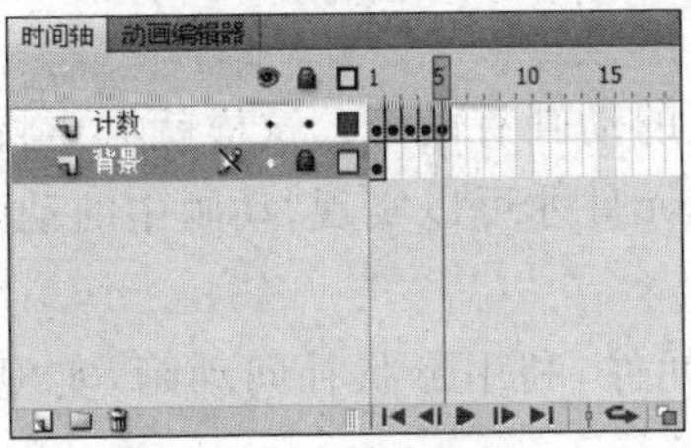

图 4-6 创建关键帧

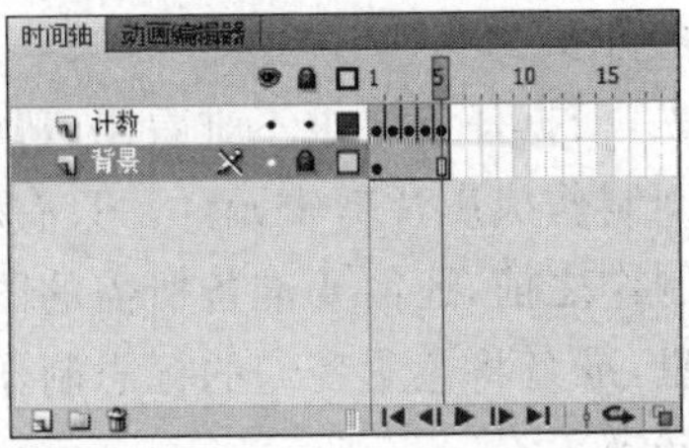

图 4-7 创建普通帧

(8) 此时，按 Ctrl＋Enter 键测试动画。可以看到，动画能够实现播放，但是数字变换的速度太快，必须回到源文件进行修改，控制播放的速度。

(9) 单击“计数”层的第 1 帧，按 3 次 F5 键，插入 3 个普通帧进行延续，然后对该层的其他关键帧重复这一操作，以延长动画播放的时间和速度。

(10) 单击“背景”层的第 20 帧，按 F5 键，使背景层中的正圆图形也延续到动画的最后一帧，最终的时间轴如图 4-8 所示。

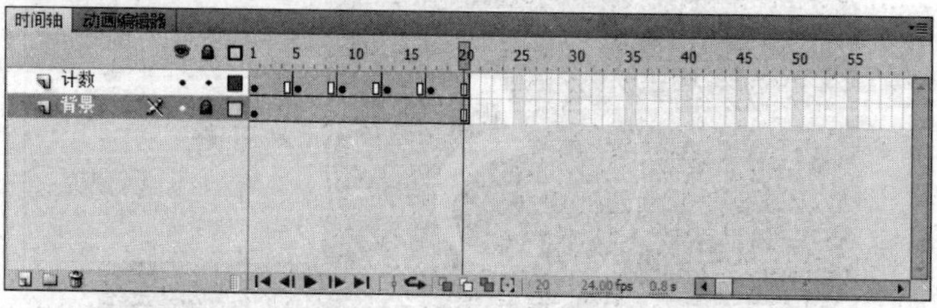

图 4-8 最终的时间轴

(11) 保存该文档，并测试动画效果。

4.3 形状补间动画的制作

Flash 不仅能产生动作补间动画，还可以制作形状补间动画。形状补间与动作补间动画的主要区别在于，形状补间不能在实例上运用，必须是“散”的图形之间才可以产生形状补间。

所谓“散”的图形，就是由无数个像素点堆积而成，而并非是一个整体。如果在舞台中显示的是一个实例，可以将实例彻底打散，有时可以重复多次打散操作（快捷键是 Ctrl+B），直至实例变为“散”的图形。

利用任何一种绘图工具所绘制的图形，就属于“散”的图形。

任务 2 制作色彩变幻的标志

任务要求

在“任务 2.fla”文档中，增加一个场景，在场景中的左上方设计一个标志，标志为一个七彩色不停转动的圆环，在圆环中间显示着天安门的图片。同时，舞台中还有其他的动画在播放。色彩变幻的标志动画效果如图 4-9 所示。

任务分析

首先，根据任务要求不难看出，舞台中同时播放的动画有两个。这样就需要将其中的一个动画制作成影片剪辑元件。只有利用影片剪辑元件才可以实现“动画中的动画”。

在制作之前，还需要准备所需的图片素材。

这里，准备将色彩变幻的标志制作为影片剪辑元件，利用形状补间动画，实现七彩色不停地转动。

操作步骤

(1) 创建新的场景。打开“任务 2.fla”文档，执行“插入”|“场景”菜单命令，即可插入

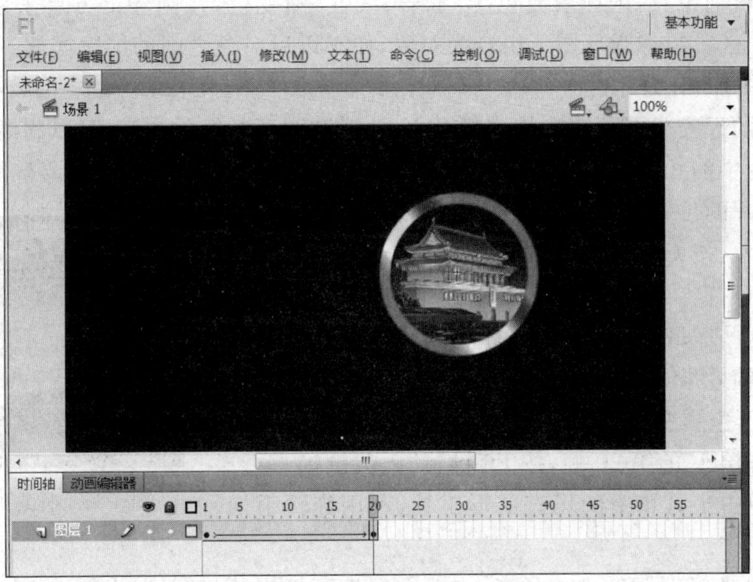

图 4-9　色彩变换的标志

默认名为“场景 2”的场景。

(2) 按 Ctrl+F8 键，在弹出的“新建元件”对话框中选择“影片剪辑”选项，并命名为 roll。单击“确定”按钮，立即进入 roll 影片剪辑编辑模式。

(3) 执行“文件”|“导入”|“导入到库”菜单命令，在打开的“导入到库”对话框中，选择自己找好的一张天安门图片，并将其导入库中，以备后用。

(4) 制作彩色圆环。

单击椭圆工具，并将笔触色设置为无色、填充色为白色，按住 Shift 键在舞台中绘制一个大小为 365×365 像素的正圆（选中对象，在属性面板中的宽度和高度文本框中输入需要绘制的精确值即可）。

选中正圆，实现原位粘贴：先按 Ctrl+C 键，再直接按 Ctrl+Shift+V 键。执行“修改”|“形状”|“扩展填充”菜单命令，弹出“扩展填充”对话框，在“方向”选项组中选择“插入”单选按钮，在“距离”文本框中输入“50 像素”，单击“确定”按钮，如图 4-10 所示。

此时，直接改变中间小圆的填充色彩，以便和大圆的颜色区分开，效果如图 4-11 所示。再按 Delete 键直接删除。

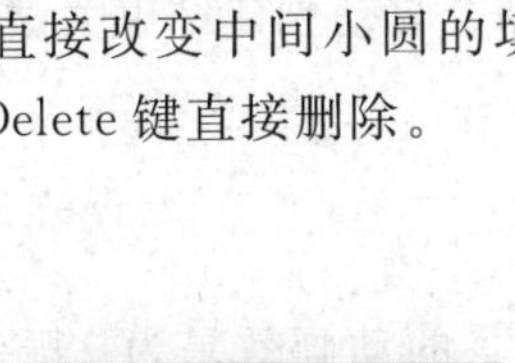

图 4-10　“扩展填充”对话框

图 4-11　制作圆环

单击颜料桶工具，选择填充色为“七彩、线性”渐变色，在圆环上方单击以替换颜色。然后按 Ctrl+G 键，将圆环图形组合为对象，便于以后对象之间的层次摆放。

(5) 将图片和圆环融为一体。

将库中的天安门图片直接拖到舞台中，注意和圆环的摆放次序，可以利用“修改”|“排列”菜单命令中的相关选项，实现圆环在图片之上。利用任意变形工具调整图片的大小，并要调整图片的位置。

选中图片，按 Ctrl+B 键将图片打碎分离。然后将圆环对象也进行打碎分离，这样就可以选中圆环以外的图片区域，并将这些区域删除，实现圆环和图片的融合。此时，标志的第 1 帧效果如图 4-12 所示。

图 4-12 标志的第 1 帧

(6) 制作色彩变幻的圆环。

单击“图层 1”的第 20 帧，按 F6 键，插入关键帧。再次选中圆环，单击工具箱中的填充变形工具，利用旋转手柄，将颜色旋转 90°。

单击“图层 1”时间轴中的任意一帧，在属性面板中选择“补间”列表框中的“形状”选项即可，此时按 Enter 键，便可观看效果。

(7) 保存文档。

4.4 运动补间动画的制作

运动补间动画主要应用于实例。实例都具有一定的属性，这些属性即颜色、亮度、不透明度、位置、大小以及旋转角度等，都可以通过实例的属性面板进行修改，当这些属性发生变化时，由 Flash 自动计算、补间之间的变化。因此，在制作运动补间动画时，需要在舞台的某个位置来定义实例的属性，然后在其他位置改变这些属性，从而产生这个变化的运动补间动画。

一般创建运用补间动画有以下两种操作。

(1) 创建动画的起始和关键帧，然后使用属性面板中的“补间动画”选项。

(2) 创建动画的第 1 个关键帧，在时间轴上插入所需的帧数，执行“插入”|“创建补间动画”命令，然后将对象移动到舞台中的新位置，Flash 则会自动创建结束关键帧。

任务 3 制作运动的文字

任务要求

制作完成“任务 2. fla”文档中的第 2 个场景。该场景的动画效果为：舞台的左上方一直显示一个色彩转动的标志，同时，舞台下方由大到小以一定的时间间隔依次显示“热”“烈”“欢”“度”“国”“庆”“65”“周”“年”，待文字全部显示后，在标志的右侧由小变大显示带有投影效果的“辉煌中国”字样，效果如图 4-13 所示。

任务分析

根据任务要求，舞台中除了前一个任务所做的影片剪辑外，还包含两个动画效果。但

图 4-13　第 2 场景的动画效果

是这两个动画是有先后顺序的，可以将它们按照时间轴进行顺序播放即可。这里，主要利用文字的变化，由大到小、由透明到不透明等属性的变化实现运动补间动画效果。但是，文字需要处理成图形元件，才可以进行创作。

操作步骤

(1) 准备文字元件。

打开“任务 2. fla”文档，按 Ctrl＋F8 键新建元件或者按 F8 键转换为元件，依次为“热”“烈”“欢”“度”“国”“庆”“65”“周”“年”。创建 9 个图形元件，要求这 9 个字的大小、颜色、字体要统一。还要为“辉煌中国”创建一个图形元件，效果如图 4-14 所示。

提示：可以在库面板中右击元件，选择“直接复制”命令，根据需要修改元件的类型和名字，实现快速复制功能。而且，直接进入元件编辑模式下，修改元件的某些属性，便于多个元件之间统一。

注意，在制作“辉煌中国”图形元件时，除了根据需要修改文字的字体、字号、颜色等属性之外，还要利用滤镜面板，单击“＋”号，为其添加“投影效果”：颜色为黄色，模糊 x、y 值为 5，强度 100％，高品质，角度为 45°，距离为 5。完成效果如图 4-15 所示。

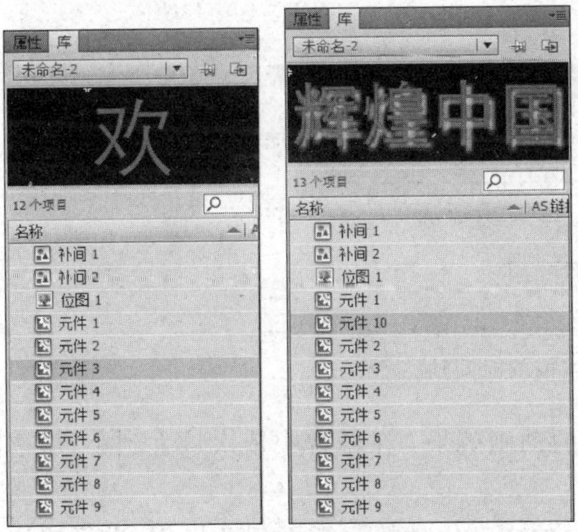

图 4-14　文字图形元件

图 4-15　文字的滤镜效果

提示：滤镜只能应用于文本(Text)、影片剪辑(Movie Clip)和按钮(Button)元件。

(2) 将文字“热烈欢度国庆 65 周年”分散到每个层。

单击“图层 1”的第 1 帧，从库面板中将这 9 个字直接拖曳到舞台中，并按 Ctrl＋K 键打开对齐面板。单击“相对于舞台”按钮，再选择“垂直中齐”选项，可以使它们快速均匀分布。根据情况，调整 9 个字的摆放顺序，利用其他选项，使这 9 个字水平对齐、间距均匀，位置处于舞台中央的下方。

然后，按 Ctrl＋A 键将文字全部选中，在选定对象的上方右击，从菜单中选择“分散到图层”命令，Flash 会将每一个对象分散到一个独立的新图层中，效果如图 4-16 所示。

图 4-16 文字分散到图层

在“热”层的第 15 帧按 F6 键，复制第 1 帧；将“烈”层的第 1 帧拖动到第 5 帧，并在第 20 帧按 F6 键，复制第 5 帧；依次将其他 7 层按照类似的步骤制作如图 4-17 所示的时间轴效果。

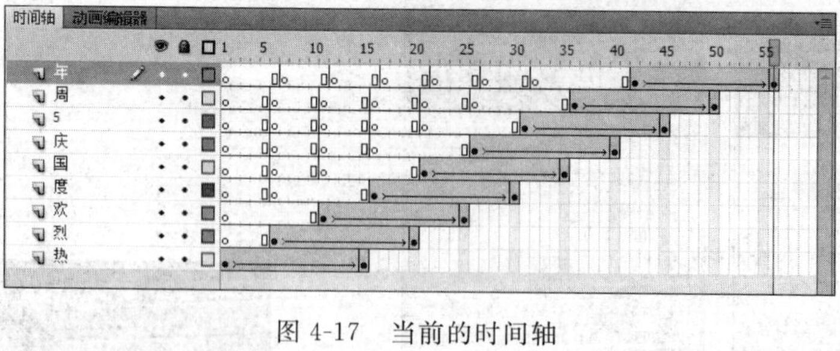

图 4-17 当前的时间轴

(3) 制作文字“热烈欢度国庆 65 周年”的动画效果：在舞台中依次从大到小、从透明到不透明进行显示。

分别对每个字所在层的第 1 个关键帧中的文字元件执行下面任意操作，进行按比例缩放，放大 500％。

① 执行“修改”|“变形”|“缩放和旋转”菜单命令。

② 直接按 Ctrl＋Alt＋S 键。

然后，再次分别对每个字所在层的第 1 个关键帧中的文字元件实例进行属性的修改：选择“颜色”列表框中的 Alpha 选项，并将 Alpha 值调整为 25%。

接下来，对每一个图层的两个关键帧之间进行操作，在关键帧之间的任意一帧右击，从右键菜单中选择“创建补间动画”命令，这样就完成这些文字以一定时间间隔从大到小、从透明到不透明依次进入舞台的效果。

此时，按 Enter 键可以看到，文字逐个显示后就消失了。为了让文字一直显示，可以借助 Shift 键，将 9 个层的第 80 帧同时选中，然后按 F5 键，使文字延续。时间轴效果如图 4-18 所示。

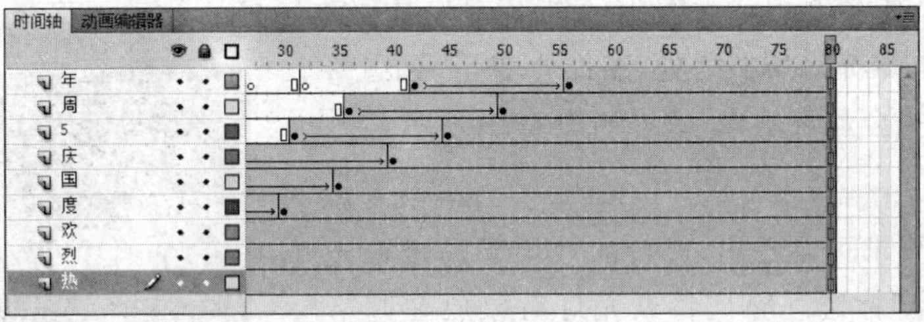

图 4-18 9 个文字动画的时间轴

(4) 制作文字“辉煌中国”的动画效果：在舞台标志的右侧从小到大、从透明到不透明显现出来。

新建一个图层，并命名为“辉煌中国”。单击第 55 帧，按 F7 键，插入空白关键帧，然后从库中将“辉煌中国”的图形元件拖动至舞台标志的右侧。根据情况，调整实例的大小及位置。

单击该图层的第 75 帧，按 F6 键，复制前一个关键帧；再次选中第 55 帧的实例对象，并改变其属性：“颜色”选项选择 Alpha，Alpha 值为 25%，并且按 Ctrl＋Alt＋S 键，将对象的大小缩小至 20%。然后在这两个关键帧之间的任意位置右击，选择“创建补间动画”命令。

为了让文字能在舞台停留片刻，需要在该图层的第 80 帧按 F5 键，插入普通帧，持续动画效果。

至此，场景 2 的动画全部制作完毕。

(5) 保存该文档，按 Ctrl＋Enter 键测试动画效果。

4.5 遮罩动画的制作

在 Flash 中，“遮罩”和“蒙版”是同一个意思。其含义为在遮罩层中绘制的对象在播放时将被看作是透明形状，而在遮罩层下方的被遮罩层中的对象只有在遮罩层对象的轮廓范围内可以正常显示，其余部分是不可见的。

要创建遮罩层，可以将遮罩对象放在要作为遮罩的图层上。作为遮罩对象，不必考虑其填充和笔触的颜色，重要的是该对象的形状，遮罩对象更像个窗口，只有透过它才能看到位于它下面的链接层区域。因此，遮罩效果的颜色操控权在于被遮罩的对象和背景的颜色。

一个遮罩层只能包含一个遮罩对象，可以将多个图层组织在一个遮罩层之下创建复杂的动画效果。按钮内部不能有遮罩层，也不能将一个遮罩应用与另一个遮罩层。

要创建不同的动态效果，可以让遮罩层动起来、底层静止，也可以让遮罩层静止、底层动起来，还可以让遮罩层和底层都动起来。

下面通过实例来说明遮罩动画的制作方法。

任务 4　制作聚光灯效果

任务要求

制作完成“任务 2. fla”文档中的第 3 个场景。该场景的动画效果为：聚光灯照射 65 年国庆标志，聚光灯所照之处，图像会变亮，最终整个标志很明亮地完全显现出来，效果如图 4-19 所示。

图 4-19　遮罩动画的动画效果

任务分析

根据任务要求可以看出，舞台的效果是透过聚光灯看到明亮的“65”标志。应该将聚光灯对象放在遮罩层中，“65”标志作为被遮罩对象，而且这个动画效果属于遮罩层动底层静止的类型。除了明亮的“65”标志外，还需要准备一个黯淡的标志对象。

操作步骤

(1) 打开“任务 2. fla”文档，执行“插入”|“场景”菜单命令，插入名为“场景 3”的场景。

(2) 准备“国庆 65 周年”的标志。

执行“文件”|“导入”|“导入到舞台”菜单命令，将准备好的“65 年国庆标志”图片导入进来，并根据需要调整其大小，如图 4-20 所示。

下面，需要对图片进行处理。执行“修改”|“位图”|“转换位图为矢量图”菜单命令，在打开的对话框中进行参数设置，单击“确定”按钮后，即可看到原始位图的矢量图形，效果如图 4-21 所示。

图 4-20　导入的位图

图 4-21　原始位图的矢量图形

提示："转换位图为矢量图"命令会将位图转换为具有可编辑的离散颜色区域的矢量图形。此命令可以将图像作为矢量图形进行处理，可以创建出使用画笔绘制的效果，而且它在减少文件大小方面也很有作用。

在"转换位图为矢量图"的对话框中进行如下设置。

① 在"颜色阈值"文本框中输入一个 1～500 的值。当两个像素进行比较后，如果它们在 RGB 颜色值上的差异低于该颜色阈值，则两个像素被认为是颜色相同。如果增大了该阈值，则意味着降低了颜色的数量。

② 在"最小区域"文本框中输入一个 1～1000 的值，用于设置在指定像素颜色时要考虑的周围像素的数量。

③ 在"曲线拟合"下拉列表框中选择一个选项，用于确定绘制的轮廓的平滑程度。

④ 在"角阈值"下拉列表框中选择一个选项，以确定是保留锐边还是进行平滑处理。

要创建最接近原始位图的矢量图形，请参照以下参数值：颜色阈值为 10，最小区域为 1 像素，曲线拟合为非常紧密，角阈值为较多转角。

接下来，将矢量化图形中的白色区域删掉。按 Ctrl＋A 键，将所有图像点全部选中，再按 F8 键，将图形转换为影片剪辑元件，因为需要为其添加投影、发光滤镜效果。标志最终处理成如图 4-22 所示的效果。

图 4-22 标志的最终效果图

(3) 选中当前对象，在实例属性面板中设置此图片的亮度为－60％。并将当前图层重命名为 Black，然后单击"锁定"按钮，将此层锁定。

(4) 新建一个图层，并将其命名为 Bright，将库面板中的标志影片剪辑元件拖放到该层中。为该影片剪辑元件实例添加发光、投影滤镜效果，完成效果如图 4-23 所示。

(5) 按 Ctrl＋F8 键新建一个图形元件，命名为"聚光灯"。在元件编辑模式下，利用椭圆工具，绘制一个无线条色、任意填充色的正圆。

(6) 切换到场景 3 中，新建一个新图层，并命名为 light。从库面板中将"聚光灯"元件拖放到此层中，并调整其位置，如图 4-24 所示。

图 4-23 Bright 图层第 1 帧的效果图

图 4-24 Light 图层第 1 帧的效果

(7) 依次在 light 图层中的第 10、20、30、40、50 帧处，按 F6 键，插入关键帧，并依次改变每个关键帧中实例的位置。第 10 帧中的圆在 6 的右上角，第 20 帧中的圆在 6 的中间的左边，第 30 帧中的圆在 5 的中间，第 40 帧中的圆变大至覆盖 5，第 50 帧中的圆变得更大，完全覆盖整个标志。

(8) 在 light 图层中的第 1 帧和第 10 帧之间的任意一帧上方右击，选择“创建补间动画”命令。用同样的方法在 light 图层的其他关键帧之间创建运动补间动画。

(9) 为了让图形有延续性，在所有图层的第 60 帧，同时按 F5 键，插入普通帧，以保持动画。

(10) 在 light 图层标签处右击，选择“遮罩层”命令，将此层转换为遮罩层即可。转换后，图层面板将发生变化。至此，场景 3 的动画全部制作完毕。

提示：将普通层转换为遮罩层之后，遮罩层和被遮罩层都会自动加锁。加锁之后在编辑状态就能看到遮罩动画的效果，如果解锁，那么就看不到遮罩动画的效果。但不加锁并不影响最终输出效果。

(11) 保存该文档，按 Ctrl+Enter 键测试动画效果。

4.6 引导线动画的制作

引导层和遮罩层在 Flash 动画制作中均是用来制作特殊动画效果的必不可少的工具。

基本的运动补间动画只能使对象产生直线方向的移动，而对于曲线运动，尤其是不规则的曲线运动，一般都会采用引导层来制作。

引导层的作用就是辅助其他图层对象的运动和定位。在运动引导层中绘制运动路径，普通层中的文本、实例等对象可以沿着自定义的路径进行运动。可以将多个层链接到一个运动引导层，使多个对象沿同一条路径运动。

下面通过实例来说明引导线动画的制作方法。

任务 5 制作飘动的彩色气球

任务要求

制作完成“任务 2. fla”文档中的第 4 个场景。该场景的动画效果为：5 个不同颜色的气球在天安门的背景下，徐徐飘向空中，效果如图 4-25 所示。

任务分析

根据任务要求可以看出，首先除了准备背景图片外，还要绘制一个“气球”图形元件。利用其元件可以产生多个气球实例。而且，这些气球不是沿着一个方向运动，需要自定义多条运动路径，来引导气球运动。

操作步骤

(1) 打开“任务 2. fla”文档，执行“插入”|“场景”菜单命令，插入名为“场景 4”的场景。

(2) 执行“文件”|“导入”|“导入到舞台”菜单命令，将准备好的背景图片导入，并调整其大小，使它和舞台一样大。

图 4-25 引导线动画的动画效果

(3) 绘制一个气球元件。按 Ctrl＋F8 键新建一个图形元件，命名为 balloon。在元件编辑模式下，利用绘图工具，绘制一个气球，效果如图 4-26 所示。

(4) 切换到“场景 4”中，从库面板中将 balloon 元件拖放到此层中，并拖放 5 次，即产生 5 个气球实例。为了产生多种颜色的气球，需要依次选择属性面板中“颜色”下拉列表框中的“高级”选项，单击“设置”按钮，进行色彩的调整。

(5) 按 Ctrl＋A 键将 5 个气球全部选中，在选定对象的上方右击，从右键菜单中选择“分散到图层”命令，将每一个气球分散到一个独立的新图层中，并将图层依次重命名为 b1、b2、b3、b4 和 b5，效果如图 4-27 所示。

(6) 单击 b1 图层，再单击时间轴下方的“添加运动引导层”按钮，即可在 b1 图层的上方创建运动引导层。然后，在其中利用铅笔工具绘制引导 b1 图层对象运动的路径曲线。

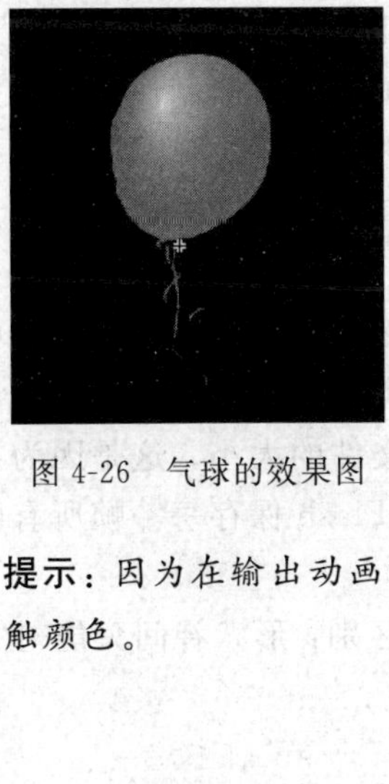

图 4-26 气球的效果图

图 4-27 彩色气球图层的效果

提示： 因为在输出动画时，引导路径是不可见的，所以在绘制路径时，不必考虑路径的笔触颜色。

引导层中的引导路径还可以使用钢笔工具来绘制比较复杂的路径和效果，如上下翻动、沿物体运动等。

同理，分别在 b2、b3、b4 和 b5 图层上方创建运动引导层，并在其中绘制需要引导对象的运动路径曲线。

(7) 分别在 b1、b2、b3、b4 和 b5 图层的第 20 帧处，按 F6 键，插入关键帧。

(8) 选中 b1 图层的第 1 帧，然后将其中的对象拖曳到与路径曲线起始点相结合的地方；再选中 b1 图层的第 20 帧，将其中的对象拖曳到与路径曲线终点相结合的位置，然后在第 1 帧和第 2 帧之间的任意位置右击，选择“创建补间动画”命令。此时，按 Enter 键，便可看到 b1 图层中的气球再沿着自定义的路径曲线飘动。

按照同样的方法，依次将 b2、b3、b4 和 b5 图层的气球与引导路径进行吻合，然后创建“运动补间动画”，即可实现不同颜色的气球可以按照不同的路径飘向空中。

提示：当将实例拖动到引导路径的起始位置时，实例的中心会出现一个小圆圈，只要将小圆圈移到引导路径的起始位置上即可放开。

(9) 最后，单击运动引导层中的“隐藏”按钮。此时在编辑状态下，就只能看到对象的运动，而引导层是不可见的。

提示：无论在这里是否隐藏运动引导层，输出动画时，运动引导线都是不可见的。

(10) 保存该文档，按 Ctrl+Enter 键可以测试任务 2 完整的动画效果。

4.7 本章小结

通过本章的学习，应该掌握制作 Flash 动画的基本流程。

(1) 新建 Flash 文档：设置舞台尺寸、背景颜色和帧频率等属性。

(2) 创建动画成员：在工作区中绘制动画对象或导入图形对象，根据动画要求定义所需各类元件，然后按照动画的需要将元件拖到舞台上。

(3) 设定动画效果：根据帧中对象的不同类型，建立相应的动画，使帧与帧之间更好地衔接。每当完成一步，最好马上进行动画测试，以便及时了解动画的建立是否正确、动画的播放是否顺畅。

(4) 保存文件：动画源文件制作完成后，要对其存储，否则源文件丢失将很难对动画进行修改。通常在制作一个大的动画文件时，最好在新建动画文档时和制作过程中及时保存，以防止因意外而丢失数据。

(5) 输出文件：Flash 源文件制作完成并保存后，需要将其输出或发布，以便应用到网页中。

在 Flash 中有两种创建动画序列的方法，即补间动画和逐帧动画。在逐帧动画中需要在每一帧中都生成图像，而在补间动画中只需要生成开始和结束的帧即可。补间动画是一种比较有效的产生动画效果的方式，同时还能尽量减小文件的大小。这是因为在补间动画中，Flash 只保存帧之间不同的值，而在关键帧动画中，Flash 保存每一帧所有的参数值。

在创建补间动画时，要分清形状补间和运动补间的本质区别：形状补间只能对“散”

的图形作动画，而运动补间的动画对象必须来自元件。

遮罩层和引导层在 Flash 动画制作中也非常重要，很多独特的 Flash 效果都需要在这两个层的辅助下才能实现。但是，遮罩层和引导层在 Flash 播放时都不会直接显示出自身的效果。

要想快速添加、删除各类帧，不妨熟记下面的基本操作。

(1) 创建关键帧，只需在帧上按 F6 键。

(2) 创建空白关键帧，只需在帧上按 F7 键。

(3) 创建普通帧，按 F5 键。

(4) 删除关键帧或者空白关键帧，只需按 Shift＋F6 键。

(5) 删除普通帧，按 Shift＋F5 键。

4.8　习题 4

一、填空题

1. 在 Flash 中，按________键，可以将舞台中的对象转换为元件。

2. 在 Flash 中，关键帧上出现一个红色的小旗，表明它包含一个________。

3. Flash 按钮元件的时间轴上的每一帧都有一个特定的功能，其中第 1 帧是________。

4. Flash 中，可以用________来控制对象按照预定的轨迹运动。

二、选择题

1. Flash 基本的元件类型有(　　)。

A. 图形元件、影片剪辑元件、按钮元件

B. 图像元件、按钮元件、动画元件

C. 图形元件、帧元件、按钮元件

D. 影片剪辑元件、动画元件、图形元件

2. 时间轴上用小黑点表示的帧是(　　)。

A. 空白帧　　B. 关键帧　　C. 空白关键帧　　D. 过渡帧

3. Flash 动画的组成结构是(　　)。

A. 帧—图层—场景—动画　　B. 帧—场景—图层—动画

C. 场景—帧—图层—动画　　D. 场景—图层—帧—动画

4. 下列对于 Flash 中铅笔工具作用描述正确的是(　　)。

A. 用于自由圈选对象　　B. 自由地创建和编辑适量图形

C. 绘制各种椭圆图形　　D. 用于不规则形状任意圈选对象

5. Flash 除了生成 SWF 文件外，还可以导出其他文件格式，以下不属于 Flash 导出文件格式的是(　　)。

A. HTML　　B. GIF　　C. PPT　　D. EXE

6. 不是 Flash 操作界面组成部分的是(　　)。

A. 图层　　B. 时间轴　　C. 舞台　　D. 面板

7. 调用 Flash 元件一般是通过(　　)面板。

A. 属性　　B. 库　　C. 场景　　D. 信息

8. 下列名词中不是 Flash 专业术语的是(　　)。

A. 关键帧　　B. 引导层　　C. 遮罩效果　　D. 交互图标

三、问答题

1. 请叙述 Flash 中导线工具的使用方法。

2. 如需要在 Flash 中实现将某些文字从左边移动到右边,则应如何做?

四、操作题

1. 应用逐帧动画,制作花朵生长过程的动画,要求花朵使用绘图工具绘制,逐帧动画至少有 5 帧,动画效果过度自然,无明显跳帧现象。

2. 应用引导线动画,制作太阳从海平面升起的动画。要求太阳使用影片剪辑元件创建,具有阳光闪耀的动画效果。运动的路径为一条圆滑的弧线。

3. 应用遮罩动画,制作不同图片之间以不同方式进行切换的动画效果。要求至少使用 4 种不同的切换方式。

第5章

使用 DIV+CSS 制作网页

DIV+CSS 是 Web 标准中常用的术语之一，它区别于之前的 HTML 网页设计语言中表格(Table)定位的方式。

因为在网页设计过程中，不再使用表格定位技术，而是采用 DIV+CSS 的方式实现各种定位。

CSS(Cascading Style Sheets，层叠样式表单)是一种用来表现 HTML 或 XML 等文件式样的计算机语言。DIV 元素是用来为 HTML 文档内大块(Block-level)的内容提供结构和背景的元素。DIV 的起始标签和结束标签之间的所有内容都是用来构成这个块的，其中所包含元素的特性由 div 标签的属性来控制，或者是通过使用样式表格式化这个块来进行控制。

本章通过一个实例来介绍如何使用 DIV+CSS 制作一个简单页面。

学习目标

(1) 了解网页文件和 CSS 文件之间的关系。

(2) 熟悉常用的 CSS 属性名和属性值设置。

(3) 通过实例的制作，了解并掌握使用 DIV+CSS 制作网页的方法。

5.1 按照网页效果图规划页面

首先来看一下要完成的页面效果，对将要制作的页面布局有一个大体的安排，如图 5-1 所示。

把页面按照不同的内容划分为以下几个区域，并预先设定好 ID 名称：#wrap、#header、#featured、#content、#footer-bottom，这样方便在布局时，按照不同的区域进行逐个编辑。其中，#wrap 处于最外层，用来包含其他所有的区域，在被 #wrap 包含的区域中还会包含若干小区域，将会在下面逐一介绍，区域划分如图 5-2 所示。

图 5-1　网页效果图

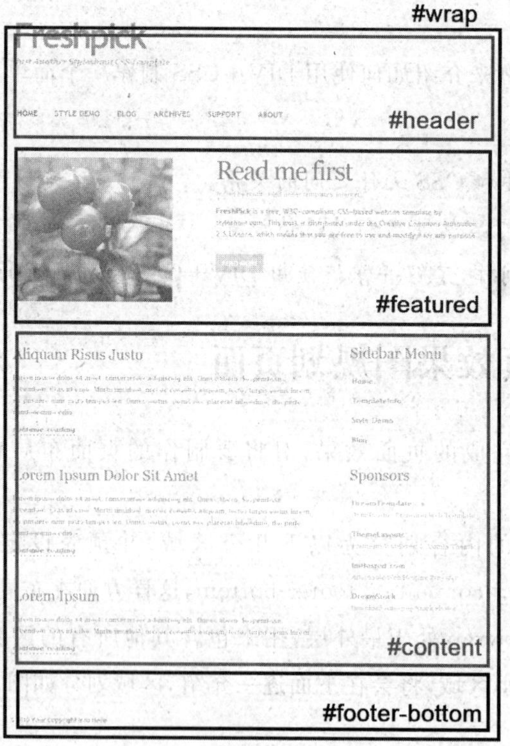

图 5-2　页面区域的划分

5.2　使用 div 标签制作 HTML 页面

首先新建站点文件夹，在其中创建 HTML 文件和 CSS 文件，在 HTML 文件中使用 div 标签把各个区域都划分出来。

任务 1　创建站点文件夹

任务要求

创建站点文件夹，并在其中新建 HTML 文件和 CSS 文件，将图像素材文件夹 images 添加在站点文件夹中。

任务分析

在创建站点文件夹的过程中，要注意各个文件之间的存放位置，HTML 文件要引用 CSS 文件和图像素材，引用路径要参照它们之间的相互位置关系，否则会出错。

操作步骤

(1) 选择一个目录，新建一个文件夹，命名为 my web。

(2) 在 my web 文件夹中，新建 HTML 文件，命名为 index. html。新建 CSS 文件，命名为 style . css。并且把图像文件夹 images 添加到 my web 中，完成效果如图 5-3 所示。

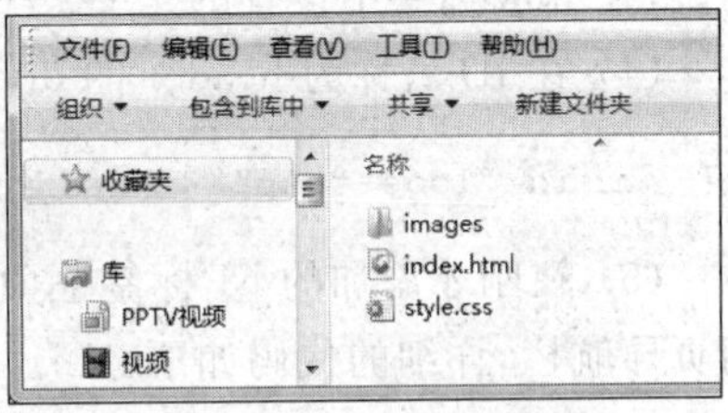

图 5-3　my web 中的文件

任务 2　使用 div 标签制作 HTML 页面

任务要求

首先使用 div 标签按照之前划分的区域进行布局。

任务分析

div 标签本身并不能实现页面效果，只是将页面划分了不同的区域，要让这些区域能够在页面当中看到，必须结合 CSS 才可以实现。

操作步骤

(1) 打开 index. html，可以使用 Dreamweaver CS6 打开，然后在代码视图下进行编辑，也可以使用 EditPlus，甚至可以使用记事本。不推荐初学者使用 Dreamweaver CS6 的设计视图，因为要学好网页制作，对 HTML 代码的熟练掌握是必不可少的，而多练习在代码视图下操作可以训练编写 HTML 代码的能力。

(2) 在代码视图下编写以下内容。

```
<html>
<head>
    <title>Fresh Pick</title>
    <meta charset=UTF-8" />
```

```
    <link rel="stylesheet" type="text/css" href="style.css" />
</head>
<body>
    <div id="wrap">
        <div id="header">
        </div>
        <div id="featured">
        </div>
        <div id="content">
        </div>
        <div id="footer-bottom">
        </div>
    </div>
</body>
</html>
```

(3) 在代码中可以清楚地看到,一共添加了 5 对 div 标签,并且分别给它们起了 ID 名称 wrap、header、featured、content、footer-bottom,其中 wrap 是处于最外层的。需要强调的是,在 link 标签中设置的是 CSS 的路径,即和 index. html 在同一目录里的 style. css。

(4) 在 ID 名称为 header 的 div 标签中,添加以下代码,用来显示网页的标题。

```
<h1 id="logo-text"><a href="index.html" title="">Freshpick</a></h1>
```

(5) 在刚才添加的 h1 标签下面,嵌套添加一个 div 标签,id 命名为 # nav,用来显示网页导航栏,详细的代码如下。

```
<div  id="nav">
    <ul>
        <li class="first" id="current"><a href="index.html">Home</a></li>
        <li><a href="style.html">Style Demo</a></li>
        <li><a href="blog.html">Blog</a></li>
        <li><a href="archives.html">Archives</a></li>
        <li><a href="index.html">Support</a></li>
        <li><a href="index.html">About</a></li>
    </ul>
</div>
```

其中,ul 标签中是一个无序列表,专门用来显示网页导航栏中的内容。

(6) 在 id 名称为 featured 的 div 标签中,添加以下代码,用来显示图片。

```
<div class="image-block">
    <img src="images/img-featured.jpg" alt="featured"/>
</div>
```

(7) 在 class 名称为 image-block 的 div 标签下面,再添加一个 div 标签,class 名称命名为 text-block,用来显示图片右边的文字和按钮。

```
<div class="text-block">
    <h2><a href="index.html">Read me first</a></h2>
    <p><a href="index.html" class="more-link">Read More</a></p>
```

```
</div>
```

(8) 在 id 名称为 content 的 div 标签中，添加以下代码，将网页中的正文部分划分为左右两部分。

```
<div id="left">
</div>

<div id="right">
</div>
```

(9) 在 id 名称为 left 的 div 标签中，添加 3 个 class 名为 entry 的 DIV，将左侧划分为 3 块小区域。

```
<div class="entry">
</div>
<div class="entry">
</div>
<div class="entry">
</div>
```

(10) 在 id 名称为 right 的 div 标签中，添加以下代码，在右侧添加两个纵向排列的菜单。

```
<div class="sidemenu">
   <h3>Sidebar Menu</h3>
   <ul>
      <li><a href="index.html">Home</a></li>
      <li><a href="index.html#TemplateInfo">TemplateInfo</a></li>
      <li><a href="style.html">Style Demo</a></li>
      <li><a href="blog.html">Blog</a></li>
   </ul>
</div>
<div class="sidemenu">
   <h3>Sponsors</h3>
   <ul>
      <li><a href="index.html">DreamTemplate</a></li>
      <li><a href="index.html#TemplateInfo">ThemeLayouts</a></li>
      <li><a href="style.html">ImHosted.com</a></li>
      <li><a href="blog.html">DreamStock</a></li>
   </ul>
</div>
```

(11) 在 id 名称为 footer-bottom 的 div 标签中，添加以下代码，用来显示页面的版权信息。

```
<div class="bottom-left">
<p>&copy; 2010 <strong>Your Copyright Info Here</strong>   </p>
</div>
```

5.3 使用 CSS 定义页面显示样式

使用 div 标签创建完区块以后，要使用 CSS 来定义每个区域，使它们能够在页面里显示出来。

任务 3 使用 CSS 定义页面显示样式

任务要求

正确使用 CSS 属性，使刚才创建的区块能够在页面正常显示。

任务分析

要注意选择器和属性值的写法，一点拼写错误都会导致页面显示异常或者达不到预先想要得到的效果。

操作步骤

(1) 打开 style.css，先为页面整体和不同状态下的链接文字添加样式。

```
body {
    font: 12px, Sans-Serif;
    color: #666666;
    margin: 0;
    padding: 0;
    background: #FFF url(../images/bg.gif) repeat-x;
    text-align: center;
}

a:link, a:visited {
    text-decoration: none;
    color: #0788C3;
}

a:hover {
    border-bottom: 1px dotted #0788C3;
}

a:link.more-link, a:visited.more-link {
    padding-bottom: 2px;
    font-weight: bold;
    color: #0788C3;
    border-bottom: 1px dotted #0788C3;
}

a:hover.more-link {
    text-decoration: none;
}
```

(2) 为 id 名称为 header 的区块添加样式，这里包括网页的标题部分和导航栏的文字在不同状态下的显示样式。

```
#header {
    position: relative;
    margin: 0 auto;
    height: 245px;
}

#header h1#logo-text { margin: 0; padding: 0; }

#header h1#logo-text a {
    position: absolute;
    margin: 0; padding: 0 5px 0 0;
    font: bold 62px 'Trebuchet MS', 'Helvetica Neue', Arial, Sans-Serif;
    letter-spacing:-5px;
    color: #1980AF;
    text-decoration: none;
    top: 30px; left: 30px;
}

#header h1#logo-text a:hover { border: none; }

#header p#slogan {
    position: absolute;
    margin: 0; padding:  0 5px 0 0;
    font-family: Georgia, 'Times New Roman', Times, serif;;
    font-weight: bold;
    font-size: 13px;
    line-height: 1.8em;
    font-style: italic;
    letter-spacing:-.3px;
    color: #999;
    top: 102px; left: 32px;
}

#header #header-image {
    position: absolute;
    top: 12px; right: 30px;
    width: 292px;
    height: 234px;
    background: url(../images/header-bg.png) no-repeat;
}

#header #nav {
    position: absolute;
    left: 0px; bottom: 20px;
    margin: 0; padding: 0 0 0 20px;
    width: 900px;
    border-bottom: 1px solid #F2F2F2;
```

```
    /* z-index: 99999; */
}

#header #nav ul {
    float: left;
    list-style: none;
    margin: 0;
    padding: 0;
}

#header #nav ul li {
    float: left;
    margin: 0; padding: 0;
}

#header #nav ul li a:link,

#header #nav ul li a:visited {
    float: left;
    margin: 0;
    padding: 5px 15px 10px 15px;
    color: #666666;
    font: bold 14px 'Trebuchet MS', Arial, Sans-Serif;
    text-transform: uppercase;
    border-right: 1px solid #EEE;
}

#header #nav ul li a:hover,

#header #nav ul li a:active {
    border: none;
    color: #000;
    border-right: 1px solid #EEE;
}

#header #nav ul li#current a {
    background: transparent url(../images/current.gif) repeat-x left bottom;
    color: #222;
}

#header #nav ul li.first a:link,

#header #nav ul li.first a:visited {
    border-left: 1px solid #F1F1F1;
}
```

(3) 为 id 名称为 featured 的区块添加样式，包括图片部分和按钮的显示样式。

```
#featured {
    clear: both;
```

```
    background: #F8FAFD;
    border: 1px solid #DCF1FB;
    margin: 3px 0 15px 10px;
    padding-bottom: 20px;
    width: 900px;
}

#featured h2 {
    font: normal 3.8em Georgia, 'Times New Roman', Times, Serif;
    color: #295177;
    letter-spacing:-2.0px;
    margin-bottom: 0;
    padding-bottom: 3px;
    border-bottom: 1px solid #EBEBEB;
}

#featured h2 a {
    color: #295177;
    border: none;
}

#featured .image-block {
    float: left;
    width: 330px;
    margin: 20px 0 0 25px;
    padding: 10px 0 0 0;
    display: inline;
    border-right: 1px solid #DCF1FB;
}

#featured .image-block img {
    background: #FFF;
    border: 1px solid #DFEAF0;
    padding: 12px;
}

#featured .text-block {
    float: right;
    width: 510px;
    margin: 15px 25px 0 0;
    display: inline;
}

#featured a.more-link {
    background: #B4DB6F;
    padding: 5px 10px 5px 10px;
    margin-top: 15px;
    color: #FFF;
    text-decoration: none;
```

```
    border: 1px solid #BADE7D;
    text-transform: uppercase;
    font-size: 10px;
    font-weight: bold;
    line-height: 20px;
    display: block;
    float: left;
}

#featured a.more-link:hover {
    background: #008EFD;
    border-color: #007DE2;
}
```

(4) 为 id 名称为 content 的区块添加样式，包括左右两部分、class 名为 entry 的部分和右侧的纵向菜单的显示样式。

```
#content {
    float: left;
    width: 900px;
    margin-left: 10px;
    display: inline;
    padding-bottom: 40px;
}

#left {
    width: 580px;
    float: left;
    padding-top: 15px;
}

#right {
    width: 285px;
    float: right;
    padding-top: 5px;
}

#right h3 {
    margin-left: 10px;
}

#left h2 {
    font: normal 3.6em Georgia, 'Times New Roman', Times, Serif;
    color: #444;
    letter-spacing:-2.2px;
    margin-bottom: 0px;
    padding-bottom: 3px;
    padding-left: 3px;
    border-bottom: 1px solid #EBEBEB;
}
```

```
#left h2 a {
    color: #444;
    border: none;
}

#left .entry {
    background: url(../images/dotted-lines.gif) repeat-x left bottom;
    padding-bottom: 15px;
}

#left .entry h3 a {
    color: #444;
    border: none;
}

#right form#quick-search {
    padding: 0; margin: 10px 0 0 10px;
    width: 270px; height: 33px;
    background: #fff url(../images/header-search.gif) no-repeat;
    border: none;
}

#right form#quick-search p {
    margin: 0; padding: 0;
    border: none;
}

#right form#quick-search input {
    border: none;
    background: transparent;
    color: #BABABA;
    margin: 0; padding: 5px;
    font-size: .9em;
    float: left;
}

#right form#quick-search .tbox {
    margin: 6px 0 0 5px;
    width: 220px;
    display: inline;
}

#right form#quick-search .btn{
    width: 24px; height: 24px;
    margin: 5px 0 0 0; padding: 0;
}

#right form#quick-search label {
```

```
    display: none;
}

.sidemenu ul {
    text-align: left;
    margin: 10px 8px 8px 8px; padding: 0;
    border-top: 1px solid #EBEBEB;
}

.sidemenu ul li {
    list-style: none;
    background: url(../images/dotted-lines.gif) repeat-x left bottom;
    padding: 7px 5px;
    margin: 0;
}

.sidemenu ul li a,
.sidemenu ul li a:visited {
    color: #5D95CA;
    padding-left: 0;
    font-weight: bold;
}

.sidemenu ul li a span {
    color: #9F9F9F;
    font-family: Georgia, 'Times New Roman', Times, Serif;
    font-style: normal;
    font-weight: normal;
    font-size: .9em;
}

.sidemenu ul li a:hover { color: #000; border: none; }

.sidemenu ul ul { margin: 0 0 0 5px; padding: 0; }

.sidemenu ul ul li { background: none; }
```

（5）为id名称为footer-bottom的区块添加样式。

```
#footer-bottom {
    float: left;
    clear: both;
    background: url(../images/dotted-lines.gif) repeat-x;
    width: 920px;
    margin: 30px auto 0 auto;
    font-family: 'Trebuchet MS', 'Helvetica Neue', Arial, sans-serif;
    font-size: .9em;
    color: #777;
    border-bottom: 50px solid #FFF;
}
```

```
#footer-bottom a:hover { border: none; }

#footer-bottom .bottom-left {
    float: left;
    padding-left: 5px;
}

#footer-bottom .bottom-right {
    text-align: right;
    padding-right: 0;
}
```

(6) 通过以上的操作,可以得到之前看到的页面效果。

5.4　本章小结

通过本章的学习,读者对使用 DIV+CSS 进行网页制作有了初步的了解,熟悉了 CSS 中一些常用属性的设置和一些选择器的书写规范,也掌握了页面当中的常见内容,如导航栏、按钮样式的定义方法。

5.5　习题 5

一、填空题

1. HTML 文档由头部和主体两部分组成,________标签表示文档主体部分的头部,________标签表示文档主体部分的开始。
2. CSS 中文全称是________。
3. CSS 样式表的 3 种使用方式分别是________、________、________。

二、选择题

1. CSS 是(　　)的缩写。
   A. Colorful Style Sheets　　B. Computer Style Sheets
   C. Cascading Style Sheets　　D. Creative Style Sheets
2. 引用外部样式表的格式是(　　)。
   A. <style src="mystyle.css">
   B. <link rel="stylesheet" type="text/css" href="mystyle.css">
   C. <stylesheet>mystyle.css</stylesheet>
3. 引用外部样式表的元素应该放在(　　)。
   A. HTML 文档开始的位置　　B. HTML 文档结束的位置
   C. head 元素中　　D. body 元素中
4. 内部样式表的元素是(　　)。
   A. <style>　　B. <css>　　C. <script>

5. 元素中定义样式表的属性名是(   )。

A. style　　B. class

C. styles　　D. font

三、问答题

举例说明在网页中使用 CSS 样式表的 3 种方式(都以对 p 标签应用 color 属性为例),并简要分析各自的特点。

四、操作题

请结合本章所学知识,再使用 DIV+CSS 制作一个英文个人主页,包括首页、博客内容页和联系方式页,图 5-4 供参考。

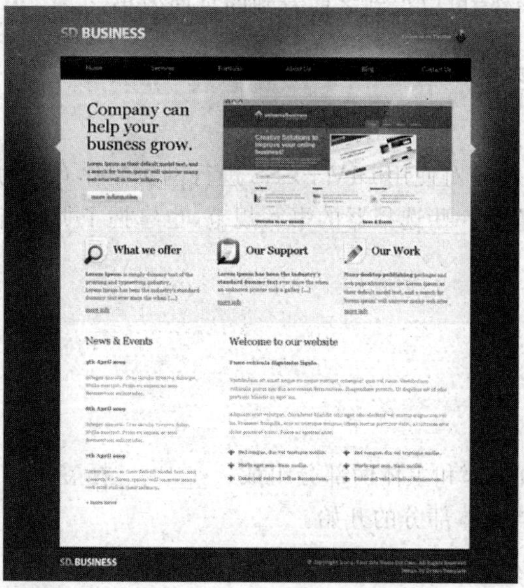

图 5-4　参考样张

第 6 章

使用 JavaScript 制作网页特效

在第 4 章和第 5 章中，已经介绍了如何使用制作网页，但是，网页是否吸引人、是否能够与用户进行友好的交互，仅有前面的知识是不够的，还需要学习 JavaScript 的基本知识，使用 JavaScript 实现网页的一些特效，如弹出警告信息、弹出消息确认信息框、时钟特效、"全选"复选框的使用、树状菜单的显示与隐藏、Tab 切换等，上述功能不但能提高用户与网页交互的兴趣，而且能够有效减轻网站服务器的负荷，提高网站的访问速度。本章将重点介绍 JavaScript 的基本语法及如何使用 JavaScript 制作网页特效。

学习目标

(1) 掌握 JavaScript 的基本语法。

(2) 掌握使用 JavaScript 弹出警告信息框和确认信息框的方法。

(3) 掌握使用 JavaScript 弹出广告窗口的方法。

(4) 掌握使用 JavaScript 实现时钟特效的方法。

(5) 掌握使用 JavaScript 实现复选框的"全选"功能的方法。

(6) 掌握使用 JavaScript 实现树状菜单的显示和隐藏的方法。

(7) 掌握使用 JavaScript 实现 Tab 切换效果的方法。

6.1 使用 JavaScript 弹出警告信息框和确认信息框

当用户对网页中的表单进行操作时，往往需要对用户弹出警告信息框。例如：用户填写的表单中用户名为空时，必须告知用户"用户名不能为空"。而当用户需要删除一条数据时，需要对用户进行确认操作，提示用户是否真的要删除该数据，这就是确认信息框。

一般情况下，将 JavaScript 代码放在网页的 head 标签中，当然也可以放置在网页的其他位置。涉及的知识点包括以下几个。

(1) 定义 JavaScript 代码。

```
<script type="text/javascript">
      <!--JavaScript 语句-->
   </script>
```

其中，<script>和</script>分别表示脚本的开始和结束，type 属性表示使用的语言类别。

(2) 创建函数。

```
function 函数名(参数 1, 参数 2,…){                    //可以没有参数
    …                                               //语句
    return 返回值;                                  //可选
}
```

(3) 调用函数。

① 调用函数的格式如下。

```
事件名="函数名(传递的参数值);"
```

例如:

```
onclick="func1(5);"
```

② 如果函数没有参数,则不用传递参数值。

(4) 弹出警告对话框。

```
alert("警告信息");
```

(5) 弹出确认消息框。

```
confirm("消息内容");
```

该消息框将会有两个按钮,分别为"确定"和"取消",当用户单击"确定"按钮时,其返回值为 true;否则,返回 false。

(6) 变量的声明和使用。

```
var 变量名;
变量名=10;
```

也可以在声明的同时赋值。

```
var 变量名=初始值;
```

(7) 比较运算符。

比较运算符有＞、＜、＞＝、＜＝、＝＝和!＝。使用比较运算符的表达式,其运算结果为 true 或 false,如 3＞4 的运算结果为 false,而 3＜4 的运算结果为 true。

(8) 条件语句。

条件语句的格式如下。

```
if(运算结果为 true 的表达式或变量){
    ...//条件为 true 时执行的语句
}else{
    ...//条件为 false 时执行的语句
}
```

其中,else 语句可以省略。

任务 1　弹出“提交”按钮警告信息

任务要求

当用户单击 Web 文档中“提交”按钮时，弹出“马上提交注册信息”的警告信息框，效果如图 6-1 所示。

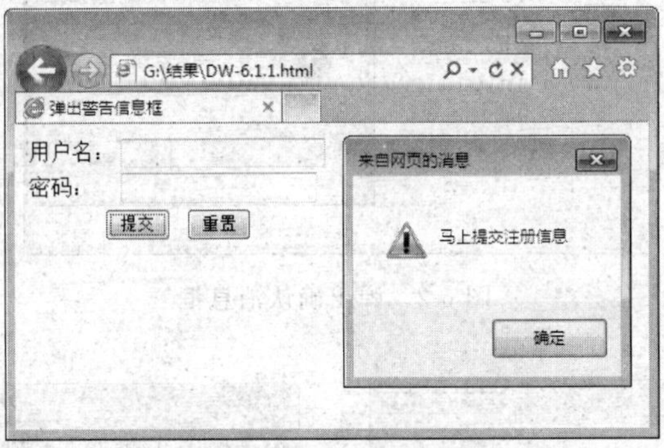

图 6-1　弹出警告信息框

任务分析

当用户单击“提交”按钮时，发生的事件名称为 onclick，因此，要执行的 JavaScript 代码必须写在该事件中，为了提高页面的整洁度以及代码的可读性，可以将这些 JavaScript 代码封装为一个方法，在该方法中，弹出对话框。

操作步骤

(1) 打开案例文档 DW-6.1.html。

(2) 在 head 标签中添加如下代码。

```
<script type="text/javascript">
    function func(){
        alert("马上提交注册信息");
    }
</script>
```

(3) 在“提交”按钮中添加 onclick 事件，并调用刚才创建的 JavaScript 方法。代码如下。

```
<input type="submit" value="提交" onclick="func();"/>
```

(4) 在浏览器中查看网页，单击“提交”按钮时，将调用定义的 JavaScript 方法，弹出警告信息框。

任务 2　弹出“重置”按钮确认消息框

任务要求

当用户单击 Web 文档中的“重置”按钮时，弹出“确定要清除用户名和密码吗?”的确认消息框。当用户单击“确定”按钮时，清除文本框中的值；否则，保留文本框中的值。效果如图 6-2～图 6-4 所示。

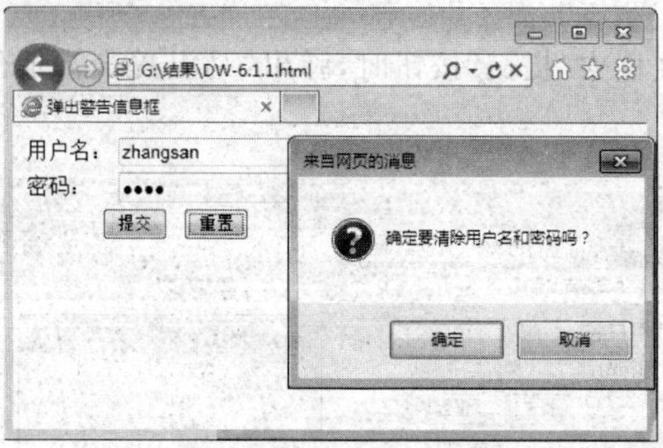

图 6-2　弹出确认消息框

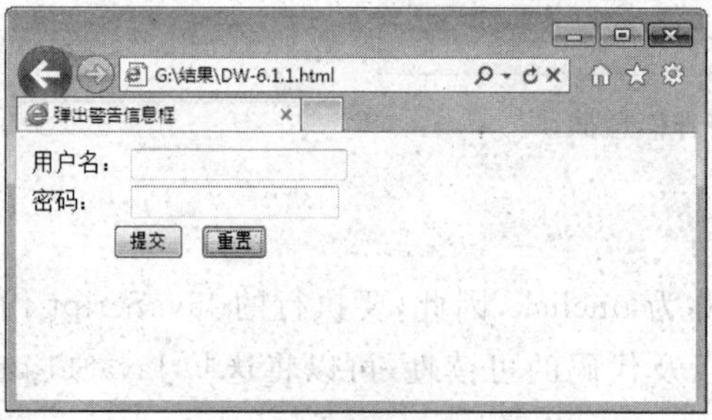

图 6-3　单击“确定”按钮后的页面

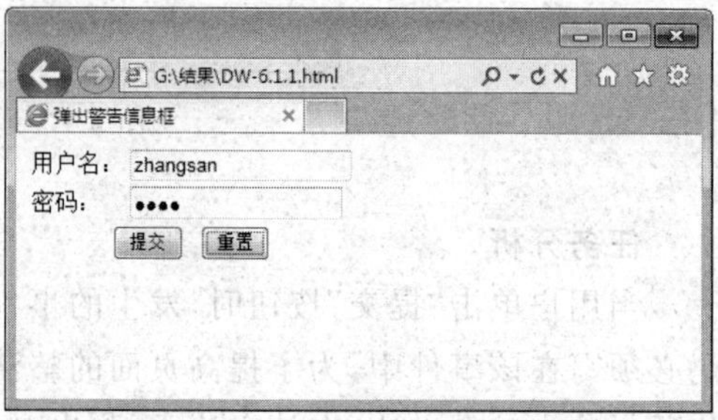

图 6-4　单击“取消”按钮后的页面

任务分析

当用户单击“重置”按钮时，发生的事件名称为 onclick。因此，要执行的 JavaScript 代码必须写在该事件中，为了提高页面的整洁度以及代码的可读性，可以将这些 JavaScript 代码封装为一个方法，在该方法中，弹出对话框，并根据用户的选择返回 true 或 false。

操作步骤

(1) 打开上一个任务完成的案例文档 DW-6.1.html。

(2) 在 head 标签中的 JavaScript 代码中添加如下方法。

```
function funcReset(){
    var result=confirm("确定要清除用户名和密码吗?");
    if(result){ //或者：if(result==true){
        return true;
    }else{
        return false;
    }
}
```

(3) 在“重置”按钮中添加 onclick 事件，并调用刚才创建的 JavaScript 方法，代码如下。

```
<input type="reset" value="重置" onclick="return funcReset();"/>
```

注意：该按钮的 onclick 事件中需要将调用方法后的值返回给按钮，因此，必须在方法的前面加 return 关键字。

（4）在浏览器中查看网页，单击"重置"按钮时，将调用定义的 JavaScript 方法，弹出确认消息框，分别单击消息框的"确定"和"取消"按钮验证代码编写是否正确。

6.2　使用 JavaScript 弹出广告窗口

当用户打开一个网页时，出于告知用户信息或做广告的目的，需要弹出一个广告窗口。使用到的是 window 对象的 open 方法。具体使用方法如下。

```
window.open("弹出窗口的 url", "窗口名称", "窗口特征");
```

其中，窗口特征包括以下几个。

（1）窗口尺寸：height、width。

（2）窗口坐标：left、top。

（3）是否带有工具栏：toolbar。toolbar=0 表示不带工具栏，toolbar=1 表示带工具栏。

（4）是否带有滚动条：scrollbars。scrollbars=0 表示不带滚动条，scrollbars=1 表示带滚动条。

（5）是否带有地址栏：location。location=0 表示不带地址栏，location=1 表示带地址栏。

（6）是否带有菜单栏：menubar。menubar=0 表示不带菜单栏，menubar=1 表示带菜单栏。

（7）是否带有标题栏：titlebar。titlebar=0 表示不带标题栏，titlebar=1 表示带标题栏。

（8）是否允许改变大小：resizable。resizable=0 表示不允许，resizable=1 表示允许。

（9）是否全屏：fullscreen。fullscreen=0 表示不全屏显示，fullscreen=1 表示全屏显示。

任务 3　打开网页时弹出广告窗口

任务要求

当用户打开 DW-6.2.html 页面时，同时打开 adv.html 窗口，窗口宽度为 330，高度为 100，不显示菜单栏、工具栏、滚动条，并且不允许用户改变大小，效果如图 6-5 所示。

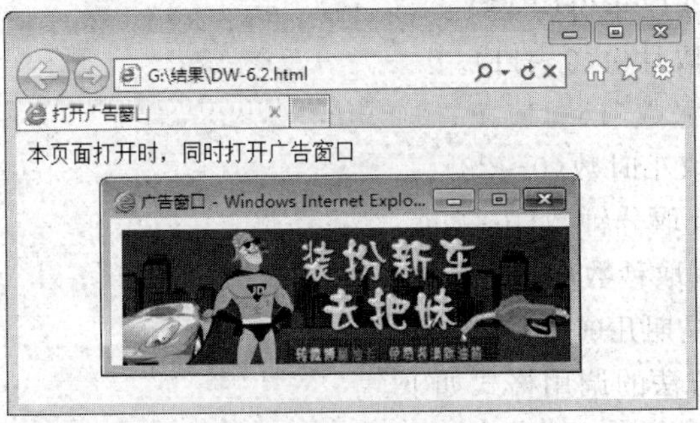

图 6-5　打开页面的同时，打开广告窗口

任务分析

当用户打开页面的同时，打开广告窗口，这就要求在当前页面加载完成后，使用 window 对象的 open 方法，打开广告窗口。页面加载的事件是 onload 事件，因此，可以把打开窗口的代码写成一个 JavaScript 的方法，然后在 body 标签中添加 onload 事件，调用该方法。

操作步骤

(1) 打开案例文档 DW-6.2.html。

(2) 在 head 标签中添加如下的 JavaScript 代码。

```
<script type="text/javascript">
    function show(){
        window.open("adv.html","","width=330,height=100,menubar=0,resizable
        =0,scrollbars=0,toolbar=0");
    }
</script>
```

(3) 在页面的 body 标签中添加 onload 事件，并在事件中调用该方法。

```
<body onload="show();">
```

(4) 在浏览器中查看 DW-6.2.html 页面，这时，广告窗口也会随之打开。

6.3 使用 JavaScript 实现时钟特效

在访问一些网站时，往往会看到页面中有一个显示当前时间的时钟，那么，这种时钟特效是如何实现呢？这需要用到两个对象和一个方法。两个对象是 document 对象和 Date 对象，document 对象用于取得当前页面，Date 对象用于取得当前的系统时间。一个方法是 setInterval 方法，用于更新时钟的显示。

(1) document 对象的 getElementById("id")方法。

用于返回当前页面中指定 id 的第一个对象的引用。页面中的所有对象都有一个名为 innerHTML 的属性，用于设置该对象中的 HTML 代码。

(2) Date 对象的常用方法如下。

getFullYear()：获取年份(4 位)。

getMonth()：获取月份(0～11)。

getDate()：获取号数(1～31)。

getHours()：获取小时数(0～23)。

getMinutes()：获取分钟数(0～59)。

getSeconds()：获取秒数(0～59)。

getDay()：获取星期几(0～6)。

(3) setInterval 方法的调用格式如下。

```
setInterval("调用的方法名称",间隔时间);
```

其功能是每隔某段时间反复调用某个方法。注意：间隔的时间单位为毫秒。

任务 4　显示当前系统时间，实现时钟特效

任务要求

打开 DW-6.3.html 页面文档，在 ID 为 clock 的 DIV 中显示当前的系统时间，效果如图 6-6 所示。

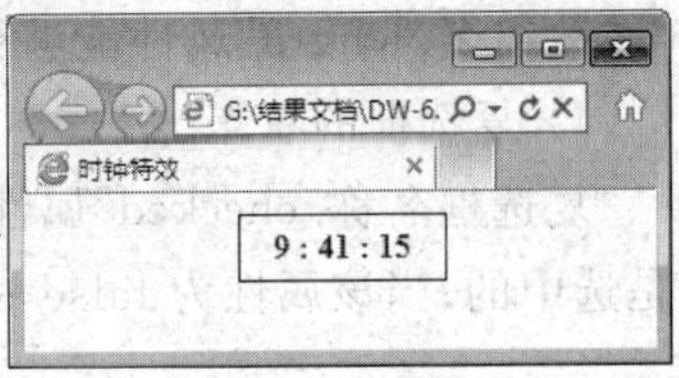

图 6-6　时钟特效

任务分析

定义一个名为 showTime()的 JavaScript 方法，通过该方法实现当前系统时间的显示。首先，必须先得到名为 clock 的 DIV 对象，这可以通过 document.getElementById("clock")方法来得到；然后，通过 newDate()得到当前的系统时间对象，通过该时间对象的 getHours()、getMinutes()和 getSeconds()方法分别得到当前系统时间的时、分、秒。

由于系统时间是不断更新的，因此，必须使用 setInterval 方法，每隔 1000 毫秒调用一次 showTime()方法。

操作步骤

(1) 打开案例文档 DW-6.3.html。

(2) 在 head 标签中添加如下的 JavaScript 代码。

```
<script type="text/javascript">
    function showTime(){
        var clock=document.getElementById("clock");
        var date=new Date();
        var hour=date.getHours();
        var minute=date.getMinutes();
        var second=date.getSeconds();
        clock.innerHTML=hour+" : "+minute+" : "+second;
    }
    setInterval(showTime,1000);
</script>
```

(3) 在浏览器中查看 DW-6.3.html 页面，这时，页面中会显示不断更新的系统时间。

6.4　使用 JavaScript 实现复选框的“全选”功能

在大多数的购物网站中，往往有一个“全选”复选框，当用户选中该复选框时，列表的所有商品都被选中，而当取消对“全选”复选框的选中时，列表中的所有商品也都不被选中。要实现这一功能，需要使用如下的知识点。

(1) documente.getElementsByName("name")

该方法返回当前页面中 name 指定的所有对象的数组。

(2) 循环语句

```
for(var 变量名=初始值;循环条件;改变变量的值){
    ...//执行的操作
}
```

(3) 数组中元素的个数

“数组名.length”属性能够得到数组中元素的个数。

(4) 复选框的状态

“复选框名称.checked”属性能够得到复选框的状态。当该属性为 true 时,表示复选框是选中的;当该属性为 false 时,表示复选框没有选中。

任务 5 实现复选框的“全选”功能

任务要求

打开 DW-6.4.html 页面,当用户选中“全选”复选框时,商品列表中的商品全部被选中;再次单击“全选”复选框时,即“全选”复选框不选中时,商品列表中的商品全都不被选中。效果如图 6-7 和图 6-8 所示。

图 6-7 用户选中“全选”复选框

D:\WSJ\教材\结果文档\DW-6.4.html
无标题文档
文件(F)　编辑(E)　查看(V)　收藏夹(A)　工具(T)　帮助(H)
全选
图书封面
书名
价格
FPA性格色彩入门：跟乐嘉色眼识人
￥24.20
自控力
￥23.50
欲念：为什么我们管不住自己
￥19.80
色眼再识人：性格色彩读心术（精装）(
￥25.80
自我疗愈心理学：为什么劝自己永远比劝别人难
￥21.30
100%

图 6-8　用户不选中“全选”复选框

任务分析

定义一个 JavaScrpt 方法，在该方法中实现如下功能：首先，必须得到“全选”复选框；然后，通过 document. getElementsByName()方法得到当前页面中所有商品列表的复选框数组；最后，通过 for 循环访问复选框数组中的每一个复选框，将其 checked 属性设置为与“全选”复选框的 checked 属性一致。

在“全选”复选框的 onclick 事件中，调用上面定义的 JavaScript 方法。

操作步骤

(1) 打开案例文档 DW-6. 4. html。

(2) 在 head 标签中添加如下的 JavaScript 代码。

```
<script type="text/javascript">
    function seleAll(){
        var books=document.getElementsByName("book");
        var sele=document.getElementById("all");
```

```
        for(i=0;i<books.length;i++){
            books[i].checked=sele.checked;
        }
    }
</script>
```

(3) 在“全选”复选框中添加 onclick 事件，并在事件中调用该方法。

```
<input type="checkbox" id="all" onclick="seleAll();"/>
```

(4) 在浏览器中查看 DW-6.4.html 页面，验证并调试 JavaScript 方法，实现任务中要求的功能。

6.5 使用 JavaScript 实现树状菜单的显示和隐藏

树状菜单在网站中用于页面导航，是页面中经常使用的一种链接。树状菜单往往包含二级或三级菜单，当页面加载时，只显示一级菜单，当用户单击一级菜单的菜单项时，则菜单项展开，显示二级菜单，以此类推。

树状菜单往往通过 ul 标签和 li 标签进行布局，页面中的每个标签都可以设置相应的 style 属性，而 style 属性中的 display 属性专门用于控制该对象的显示或隐藏。当 display="none"时，该标签隐藏；当 display="block"时，该对象显示。

任务 6 使用 JavaScript 实现树状菜单的显示和隐藏

任务要求

页面加载时，只显示导航菜单的一级菜单项，而当用户单击相应的一级菜单项时，展开对应的二级菜单项，再次单击时，该二级菜单项隐藏。效果如图 6-9 和图 6-10 所示。

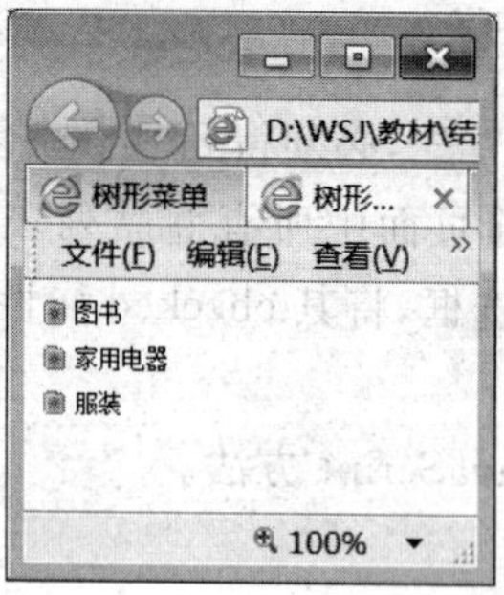

图 6-9 页面加载时，只显示一级菜单项

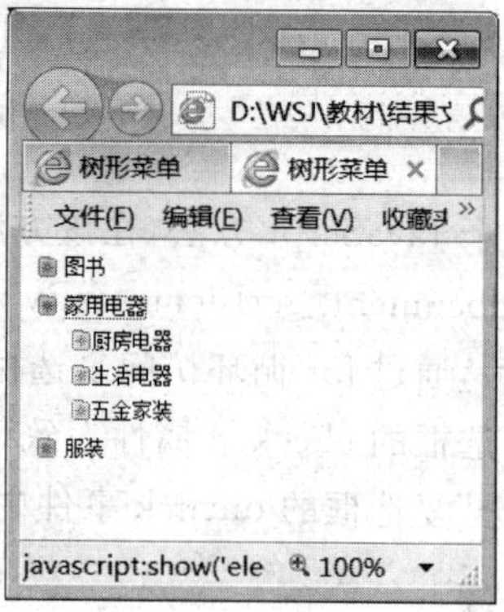

图 6-10 当单击一级菜单项时，展开相应的二级菜单项

任务分析

由于所有的二级菜单都在 ul 标签中，因此，可以为 ul 标签的 CSS 样式添加 dispaly 属性，设置其值为 none，这样，二级菜单就不会显示了。由于要根据用户单击的一级菜单

项打开对应的二级菜单项，因此，需要为每个 ul 标签添加 id 属性，用于显示或隐藏该 ul 标签。编写相应的 JavaScript 函数，判断当前 ul 标签的 display 属性，修改其属性值。在每个 a 标签的 href 属性中调用该 JavaScript 函数即可。

操作步骤

(1) 打开案例文档 DW-6.5.html。

(2) 修改 style 标签中的 ul 标签的 CSS 样式，代码如下。

```
ul {
    margin-left:20px;
    list-style:none;
    display:none;
}
```

(3) 在 head 标签中添加如下的 JavaScript 代码。

```
<script type="text/javascript">
  function show(id){
    var ul=document.getElementById(id);
    if(ul.style.display=="block"){
        ul.style.display="none";
    }else{
        ul.style.display="block";
    }
}
</script>
```

(4) 为每个 ul 标签添加 id 属性，并修改每个 a 标签的 href 属性，代码如下。

```
<div id="left">
  <p><a href="javascript:show('book');">图书</a></p>
  <ul id="book">
    <li>少儿图书</li>
    <li>英文原版书</li>
    <li>文学图书</li>
  </ul>
  <p><a href="javascript:show('elec');">家用电器</a></p>
  <ul id="elec">
    <li>厨房电器</li>
    <li>生活电器</li>
    <li>五金家装</li>
  </ul>
  <p><a href="javascript:show('clothes');">服装</a></p>
  <ul id="clothes">
    <li>运动服装</li>
    <li>女士服装</li>
    <li>男士服装</li>
  </ul>
</div>
```

（5）在浏览器中查看 DW-6.5.html 页面效果。

6.6 使用 JavaScript 实现 Tab 切换效果

在一些网站中，往往会看到一些 Tab 切换效果。当鼠标指针移动到一个 Tab 标签上时，该标签所对应的内容会在其下方显示，同时，标签的样式发生改变。这一效果是通过改变标签的 style 属性实现的，如果要修改的 style 属性内容较多，可将其设置为一个类样式，通过指定对象的 className 属性设置为相应的类样式实现要求的效果。

在该任务中，需要对 li 标签和 div 标签进行操作，因此，必须找到页面中对应的标签。document.getElementsByTabName("标签名")方法能够根据标签名找到这些标签对象，并返回找到的所有标签对象的数组。

任务 7 实现 Tab 切换效果

任务要求

当用户鼠标指针移到相应的 Tab 标签时，显示标签所对应的内容，同时，标签的字体加粗、颜色变为红色，并为标签添加相应的背景颜色，效果如图 6-11 和图 6-12 所示。

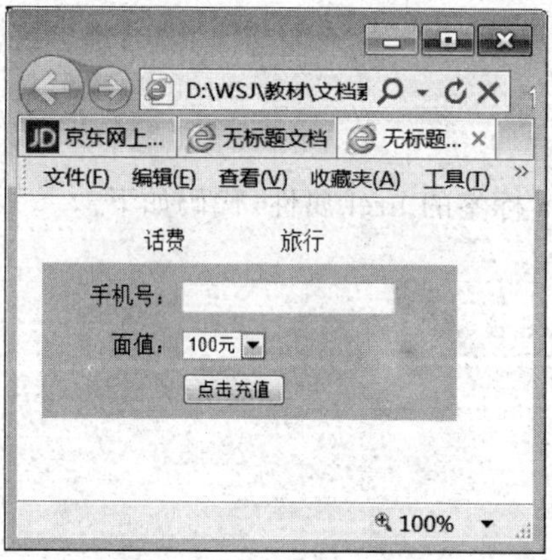

图 6-11 原始样式

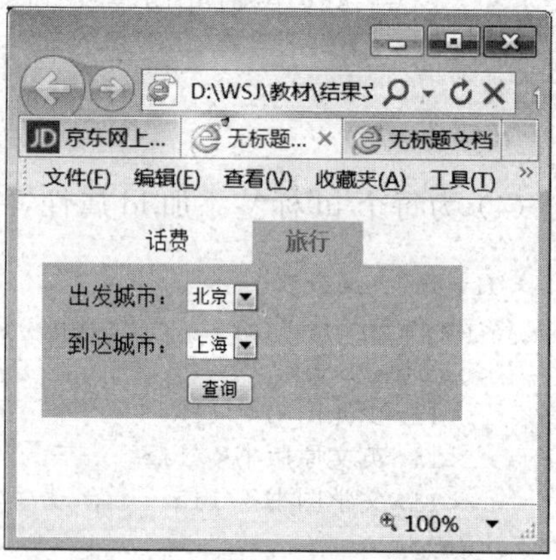

图 6-12 当鼠标移动到标签上的效果

任务分析

由于当鼠标指针移到 Tab 标签上时，既要改变标签的 color 属性，又要改变其 font-weight 属性，同时还要设置其 background-color 属性，因此，可以定义一个名为 current 的类样式，用于改变相应的属性。

当鼠标指针经过 Tab 标签时，属性的事件为 onmouseover。为每一个 li 标签添加 onmouseover 事件，当鼠标指针移到该 li 标签时，调用相应的 JavaScript 函数，改变 li 标签的样式。同时，设置对应的 div 元素内容的 display 属性。这样，必须为每个 div 标签添加 id 属性。其命名方式采用 tab_index 的方式，其中 index 为从 0 开始的数字。这样命名的好处是，index 与用户鼠标指针经过的 li 的 index 对应，便于在 JavaScript 函数中找到该 li 对应的 div。

操作步骤

(1) 打开案例文档 DW-6.6.html。

(2) 在＜style＞中添加改变 Tab 标签的类样式。

```
.current{
    color:#f00;
    font-weight:bold;
    background-color:#ccc;
}
```

(3) 设置第一个 li 标签的 class 为当前定义的类样式。

```
<ul><li class="current">话费</li><li >旅行</li></ul>
```

(4) 效果如图 6-13 所示。

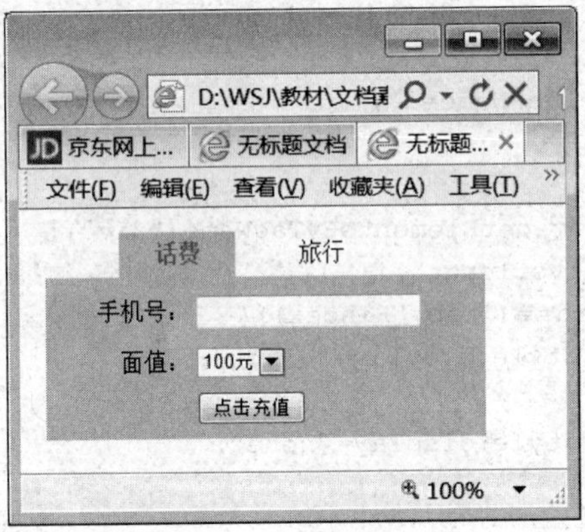

图 6-13　最终效果图

(5) 为 li 标签添加 onmouseover 事件，并在该事件中调用 JavaScript 函数。同时，将 li 标签的 index 值传递给该 JavaScript 函数。代码如下。

```
<ul><li onmouseover="javascript:show('0');" class="current">话费</li>
    <li onmouseover="javascript:show('1');">旅行 </li></ul>
```

(6) 为 div 标签添加 id 属性，其命名方式采用 tab_index 的方式，代码如下。

```
<div id="tab_0" style="display:block;">
    <table>
        <tr><td width="80" align="right">手机号：</td><td><input type="text"/>
            </td></tr>
        <tr><td  align="right">面值：</td>
             <td><select><option>100元</option>
                          <option>200元</option></select></td></tr>
        <tr><td></td><td><input type="button" value="点击充值"/></td></tr>
    </table>
```

```
</div>
<div id="tab_1"  style="display:none;">
    <table>
        <tr><td width="80" align="right">出发城市：</td>
            <td><select><option>北京</option><option>上海</option>
            </select></td></tr><tr><td>到达城市：</td>
            <td><select><option>上海</option><option>北京</option>
            </select></td></tr><tr><td></td><td><input type="button"
            value="查询"/></td></tr>
    </table>
</div>
```

(7) 在 head 标签中编写实现功能的 JavaScript 函数，代码如下。

```
<script type="text/javascript">
  function show(index){
    var lis=document.getElementsByTagName("li");
    for(var i=0;i<lis.length;i++){
        if(i==index){
            lis[i].className="current";
        }else{
            lis[i].className="";
        }
    }
    var divs=document.getElementsByTagName("div");
    for(var i=0;i<divs.length;i++){
        if(divs[i].id==('tab_'+index)){
            divs[i].style.display="block";
        }else{
            divs[i].style.display="none";
        }
    }
}
</script>
```

(8) 在浏览器中查看 DW-6.6.html 页面，观察显示效果。

6.7 本章小结

通过本章的学习，读者学习了如何定义 JavaScript 方法，如何定义和使用变量，如何查找页面对象并使用选择结构和循环结构，掌握了制作时钟特效、复选框全选功能、Tab 切换和树状菜单等特效的方法。

JavaScript 能够制作的特效有很多，本章列举的只是一些常用的特效，以此讲解一些基本的语法规则和使用。希望能够抛砖引玉，使读者在掌握了这些基本特效的基础上，制作更多、更炫的特效，以增强网站的吸引力。

6.8　习题 6

一、选择题

1. 在网页中输出“Hello World”的正确 JavaScript 语法是(　　)。

A. document. write("Hello World")　　B. "Hello World"

C. response. write("Hello World")　　D. ("Hello World")

2. JavaScript 特性不包括(　　)。

A. 解释性　　B. 用于客户端

C. 基于对象　　D. 面向对象

3. 下列 JavaScript 的判断语句中,(　　)是正确的。

A. if(i==0)　　B. if(i=0)

C. if i==0 then　　D. if i=0 then

4. 下列 JavaScript 的循环语句中(　　)是正确的。

A. if(i<10;i++)　　B. for(i=0;i<10)

C. for i=1 to 10　　D. for(i=0;i<=10;i++)

5. 下列表达式将返回 false 的是(　　)。

A. !(3<=1)　　B. (4>=4)&&(5<=2)

C. ("a"=="a")&&("c"!="d")　　D. (2<3)||(3<2)

6. 下列选项中,(　　)不是网页中的事件。

A. onclick　　B. onmouseover

C. onsubmit　　D. onpressbutton

7. 有语句“var x=0;while(____) x+=2;”,要使 while 循环体执行 10 次,空白处的循环判定式应写为(　　)。

A. x<10　　B. x<=10

C. x<20　　D. x<=20

8. 将字串 s 中的所有字母变为小写字母的方法是(　　)。

A. s. toSmallCase()　　B. s. toLowerCase()

C. s. toUpperCase()　　D. s. toUpperChars()

9. 以下(　　)表达式产生一个 0～7 之间(含 0,7)的随机整数。

A. Math. floor(Math. random() * 6)　　B. Math. floor(Math. random() * 7)

C. Math. floor(Math. random() * 8)　　D. Math. ceil(Math. random() * 8)

二、操作题

1. 创建一个 Web 文档,当用户浏览该文档时,弹出广告窗口。当用户单击文档中的某按钮时,弹出确认信息框,并根据用户选择的不同按钮,弹出不同的警告信息框。

2. 在第 1 题创建的文档中,添加一个 div 标签,并在该标签中显示当前的系统时钟,并每秒钟更新一次。

3. 在第 2 题的文档中,制作一个课程列表,并制作一个“全选”复选框,当用户单击时，选定所有的课程；再次单击时，取消对所有课程的选中状态。

4. 制作一个树状菜单。第一级菜单为所有的课程分类，第二级菜单显示该分类下的课程。页面初始状态只显示第一级菜单，当用户单击相应的课程分类时，显示相应的课程，再次单击时，不显示该分类课程。

5. 制作 Tab 切换效果，内容自选。

6. 利用 JavaScript 设计一个页面显示下列信息，保存的页面名称为 01. htm，保存在 test 文件夹中。显示的信息为：欢迎来到 JavaScript 世界。

第 7 章

向 Dreamweaver 页面中添加非文本内容

在第 3 章中，已经介绍了如何向 Web 文档中输入文本及如何设置文本、段落的属性，然而对于一个完整 Web 文档来说，仅有文本是不够的，还需要图文并茂来展示页面，这就需要学习如何向 Web 文档中插入图片、链接、各种媒体等元素的方法，本章将重点介绍这部分内容。

学习目标

(1) 熟悉 Dreamweaver CS6 插入图像、链接、导航条的操作方法及属性设置。

(2) 熟悉 Dreamweaver CS6 插入动画、音乐、视频的方法。

7.1 在网页中使用图像

图像是网页中最主要的元素之一，它不但可以美化页面，而且与文本相比较，它可以更直观地说明问题，表达意思，使浏览网页的用户一目了然。

任务 1　在 Web 文档中插入一个图像

任务要求

在 Web 文档在指定位置插入图像 logo. gif。

任务分析

本任务主要练习如何在 Web 文档中插入一个图像。

操作步骤

(1) 打开案例文档 test7-1. html，在菜单栏中执行“插入”|“图像”命令，如图 7-1 所示。

(2) 在实例目录中选中 up1-2. gif 图像文件，单击“确定”按钮，如图 7-2 所示。

(3) 单击“确定”按钮，如图 7-3 所示。

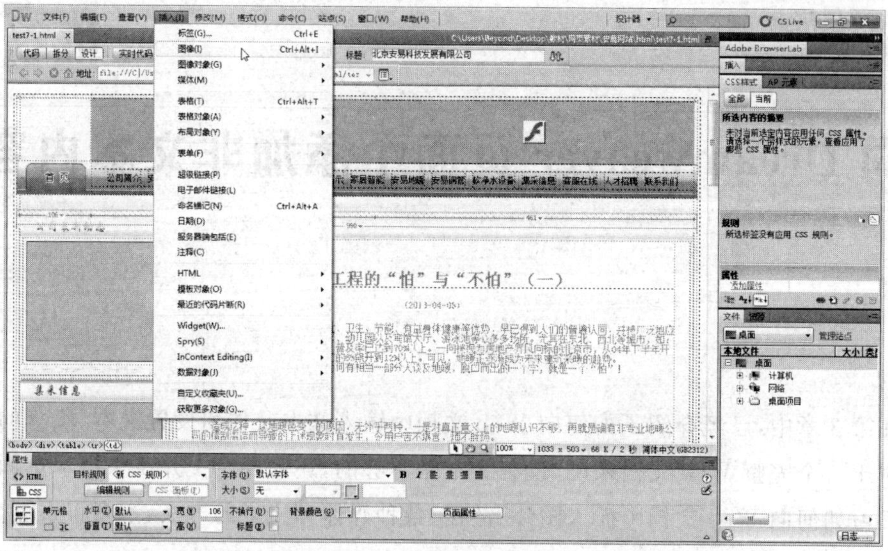

图 7-1 在 Web 文档中插入图像(1)

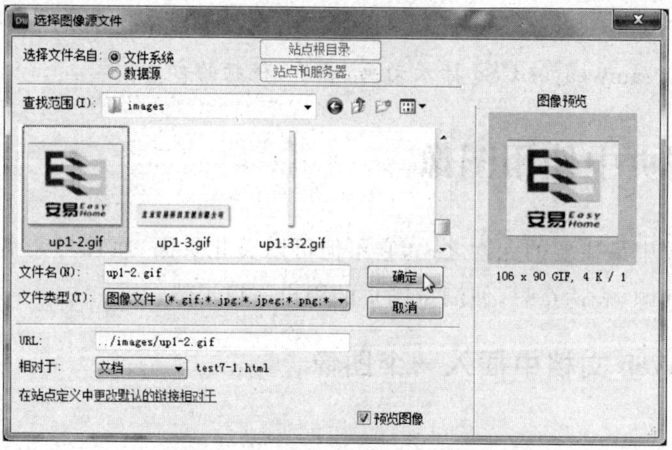

图 7-2 在 Web 文档中插入图像(2)

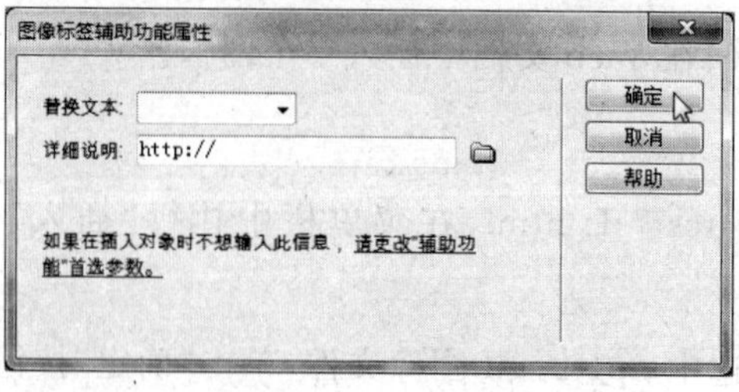

图 7-3 在 Web 文档中插入图像(3)

7.2　设置图像的属性

图像的属性包括图像的尺寸、链接、边距、对齐方式等。要设置图像属性，首先需选中图像，在属性面板进行设置，如图 7-4 所示。

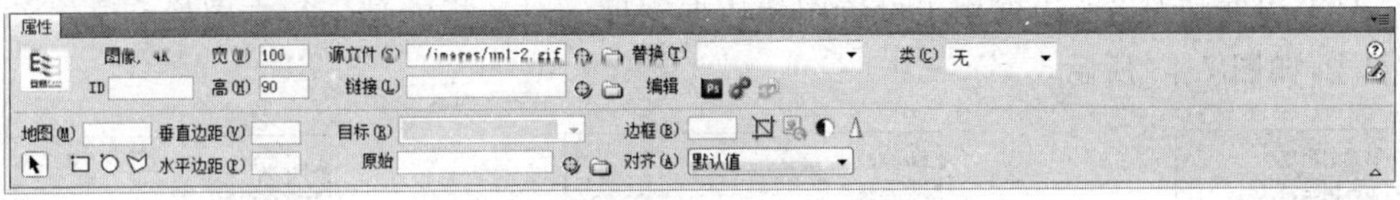

图 7-4　设置图像属性

下面分别进行介绍。

(1) 图像信息：属性面板左上角显示插入图像的缩略图，在缩略图的右方显示了该图像的信息，如图 7-5 所示，该图像对象类型为“图像”文件，文件大小为 4KB。在信息内容下方有一个文本框，可以输入图像的名称，用于在脚本语言中引用图像。

(2) 图像尺寸：在“宽”“高”文本框中可以设置页面中选中图像的宽度和高度。默认情况下，图像被插入到页面时，“宽”“高”文本框中会显示图像的原始尺寸，如图 7-6 所示。

(3) 源文件和链接：“源文件”文本框中显示该图像的源文件位置；“链接”文本框中可输入图像的链接地址。单击“源文件”和“链接”文本框右方的“浏览文件”图标可以指定源文件或链接，如图 7-7 所示。

图 7-5　图像信息

图 7-6　设置图像尺寸

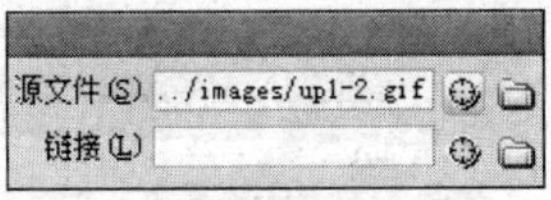

图 7-7　源文件和链接

(4) 替换和编辑：在“替换”文本框中可以输入图像的说明文字。在浏览器中浏览网页时，当鼠标指针停留在图片上或者该图像无法被正常显示时，在图像区域将显示说明文字。“编辑”选项区域中提供了编辑、优化、剪裁、重新取样、亮度和对比度、锐化等工具，如图 7-8 所示。

(5) 类：在“类”下拉列表框中可以选择定义好的 CSS 样式，如图 7-9 所示。

(6) 地图：在“地图”文本框中可以创建图像热点集，其下面是创建热点区域的 3 种不同形状的工具，如图 7-10 所示。

图 7-8　替换和编辑

图 7-9　类

图 7-10　地图

(7) 边距：在“垂直边距”和“水平边距”文本框中可以设置图像的空白间距，如

图 7-11 所示。

(8) 目标和原始:"目标"下拉列表框用于设置链接对象的打开方式。_blank 表示在新窗口中打开,_parent 表示在当前文档的父级框架集中打开,_self 表示在当前文档的框架中打开,_top 表示在链接所在的最高级窗口中打开。原始指网页中实际载入的低分辨率图片的原始文件,如图 7-12 所示。

(9) 边框和对齐:边框用于设置图像边框宽度。对齐指的是一行中图像和文本的对齐方式,如图 7-13 所示。

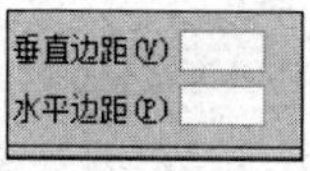

图 7-11 边距

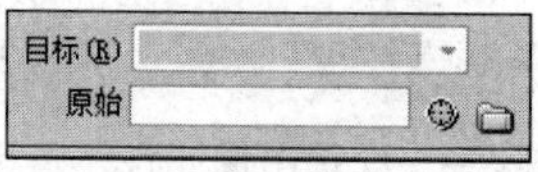

图 7-12 目标和底解析度源

图 7-13 边框和对齐

任务 2 设置图像的属性

任务要求

在 Web 文档中,将两个链接相关的图片属性设置宽度为 220。

任务分析

本任务主要练习如何设置图像的尺寸。

操作步骤

(1) 打开案例文档 test7-2.html,选中要设置尺寸的图像,在属性页面中设置宽度为 220,如图 7-14 所示。

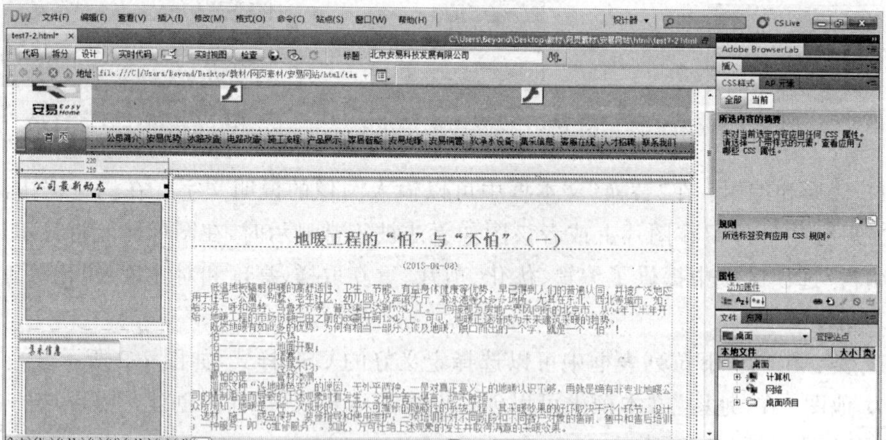

图 7-14 设置图像属性(1)

(2) 使用同样的方法设置第二个图像的宽度为 220,如图 7-15 所示。

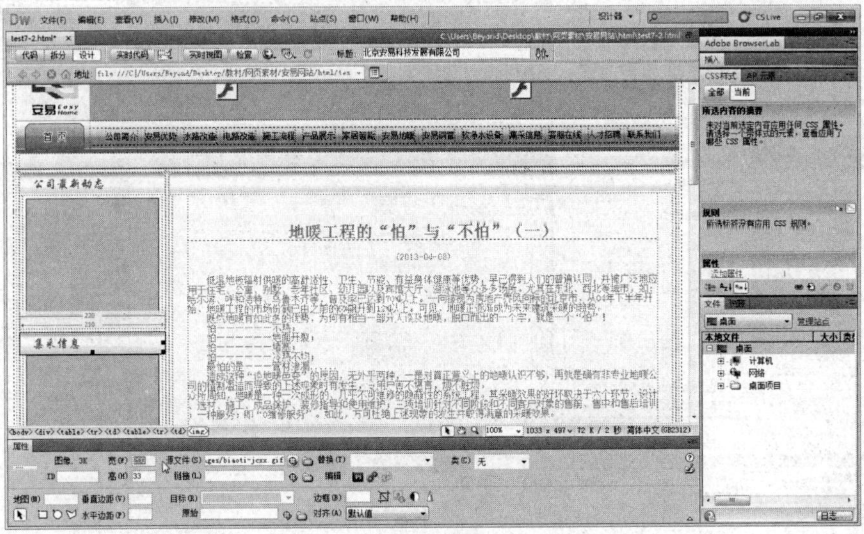

图 7-15　设置图像属性(2)

7.3　在网页中创建链接

超链接简称链接,作为网页与网页间的桥梁,起着举足轻重的作用。链接主要有文本链接、图像链接、E-mail 链接等,下面分别介绍如何创建以上几种链接。

插入链接的方式有两种。

(1) 通过"插入"菜单中的"超级链接"或"电子邮件链接"命令创建,如图 7-16 和图 7-17 所示。

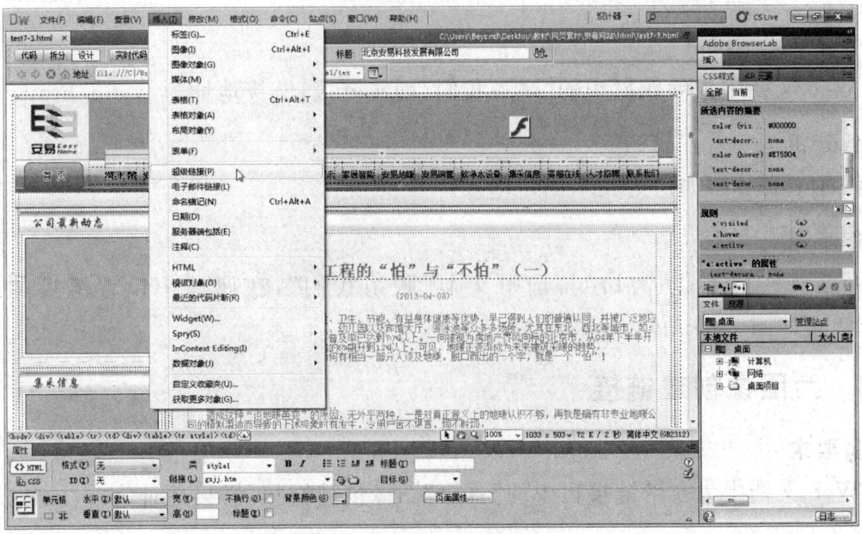

图 7-16　插入超链接

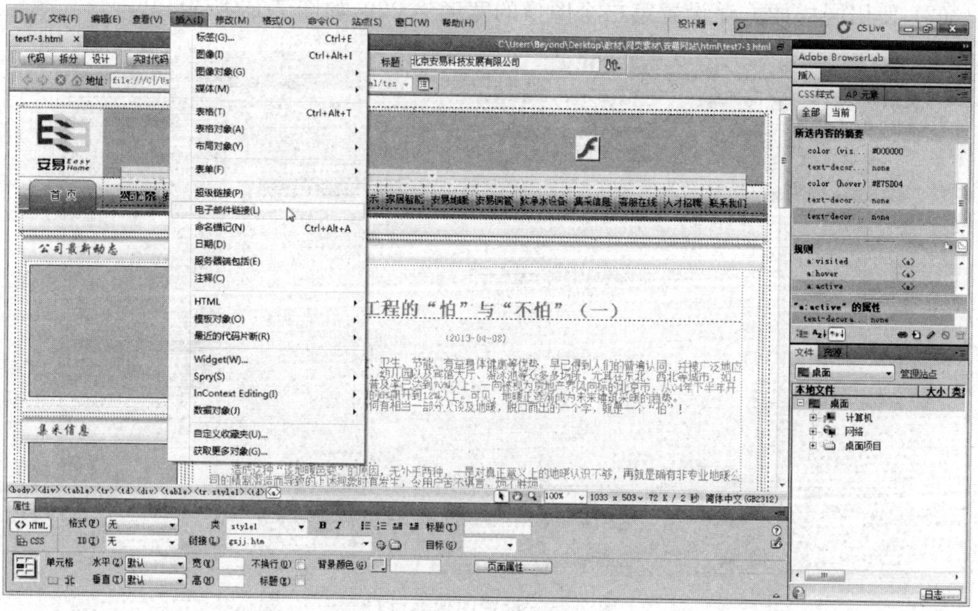

图 7-17　插入超链接(1)

(2) 通过属性栏的"链接"输入框直接输入链接内容,如图 7-18 所示。

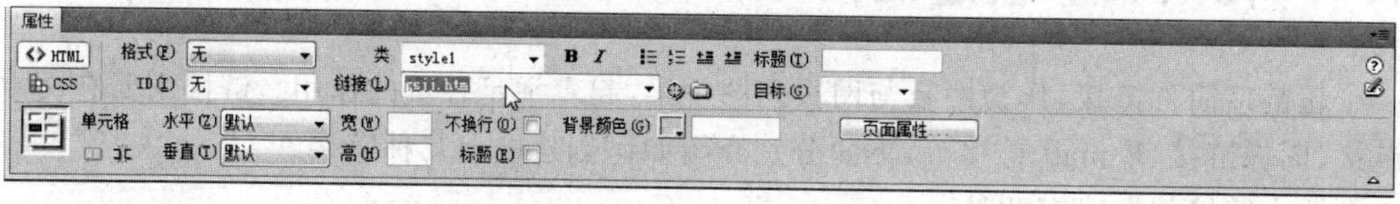

图 7-18　插入超链接(2)

任务 3　为文本创建链接

任务要求

在 Web 文档中为导航栏中的"联系我们"创建链接,链接地址为 lxwm.html。

任务分析

本任务主要练习如何为文本创建链接。

操作步骤

打开案例文档 test7-3.html,选中文本"联系我们",在属性中设置链接的地址为 lxwm.html,如图 7-19 所示。

任务 4　为图像创建链接

任务要求

在 Web 文档中为友情链接栏中的"首页"图像创建链接,链接地址为../index.html。

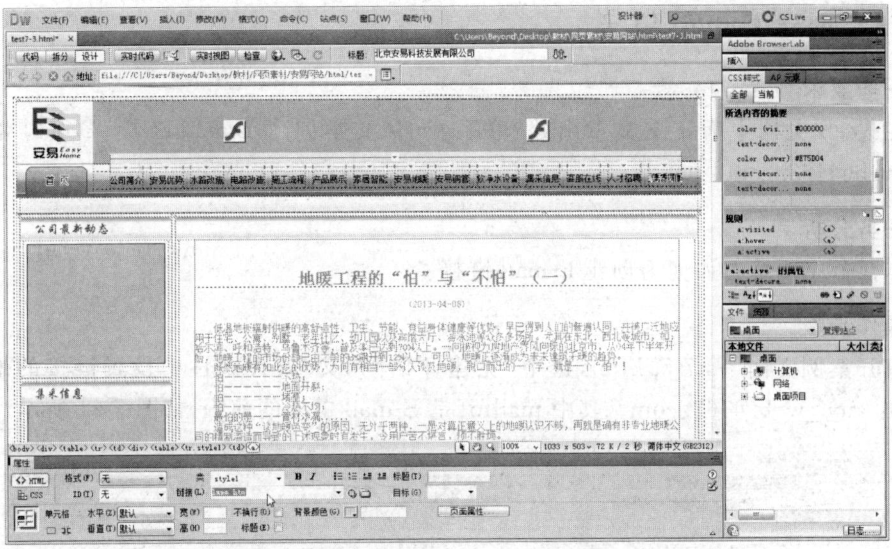

图 7-19　为文本创建链接

任务分析

本任务主要练习如何为图像创建链接。

操作步骤

打开案例文档 test7-4. html，选中“中共中央党校”图像，在属性中设置链接的地址为 http://www. ccps. gov. cn/，如图 7-20 所示。

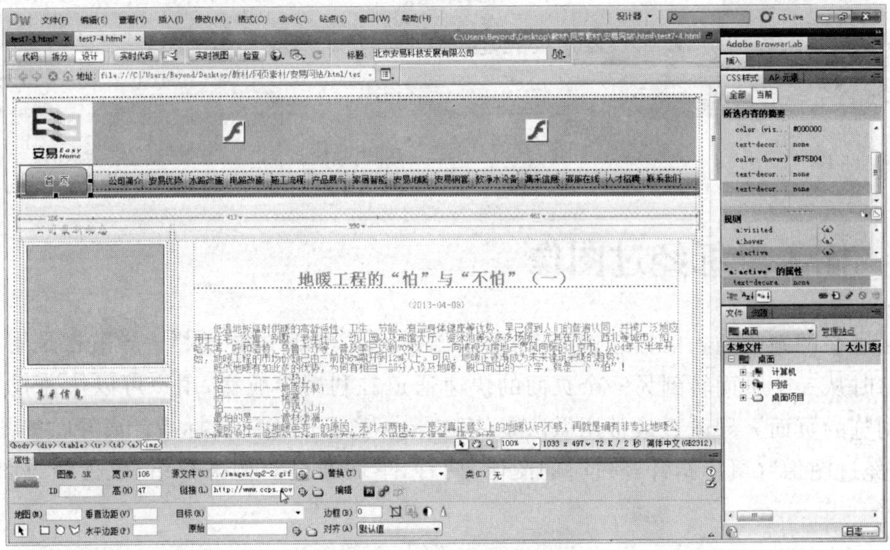

图 7-20　为图像创建链接

任务 5　创建 E-mail 链接

任务要求

在 Web 文档中为正文文章出处“联系我们”文本创建 E-mail 链接，E-mail 地址为 anyi_web@163. com。

任务分析

本任务主要练习如何为创建 E-mail 链接。

操作步骤

打开案例文档 test7-5. html，选中“党建评估网”文本，在属性中设置链接的地址为 mailto：anyi_web@163. com。其中 mailto：是 E-mail 链接的前缀，如图 7-21 所示。

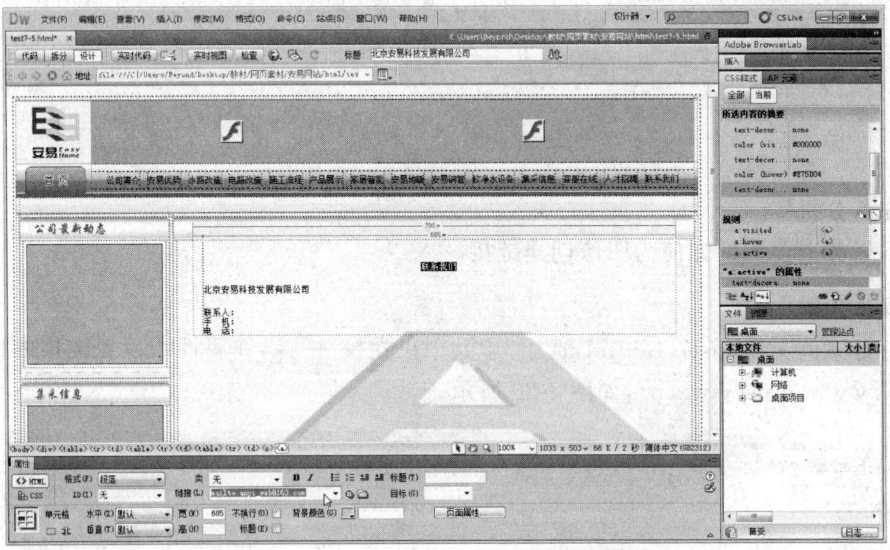

图 7-21　创建 E-mail 链接

7.4　插入鼠标经过图像

通过在网站中插入鼠标经过图像，可以创建优美、醒目的导航栏。导航栏是用户在浏览网站时从一个页面转到另一个页面的快速通道。利用导航栏，用户可以快速找到他们想要浏览的页面。导航栏最常用做法是使用“鼠标离开图像”（鼠标指针离开时的图像）和“鼠标经过图像”（鼠标指针经过时的图像）两种，下面通过实例来介绍“鼠标经过图像”的创建。

任务 6　插入鼠标经过图像

任务要求

使用事先准备好的导航栏图像，在 Web 文档中插入鼠标经过图像。

任务分析

本任务主要练习如何通过插入鼠标经过图像创建导栏。

操作步骤

(1) 打开案例文档 test7-6. html，将光标定位在指定位置，在菜单栏中执行“插入”|“图像对象”|“鼠标经过图像”命令，如图 7-22 所示。

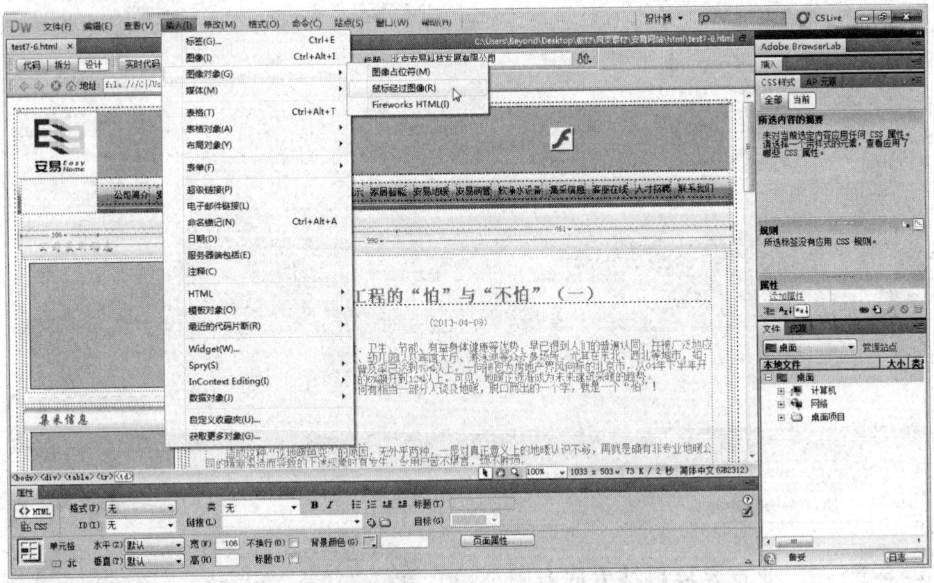

图 7-22　插入鼠标经过图像

(2) 在弹出的“插入鼠标经过图像”对话框中输入“图像名称”“原始图像”“鼠标经过图像”“按下时，前往的 URL”，然后单击“确定”按钮。具体输入内容如图 7-23 所示。也可以单击文本框右侧的“浏览”按钮，直接选中图像文件。

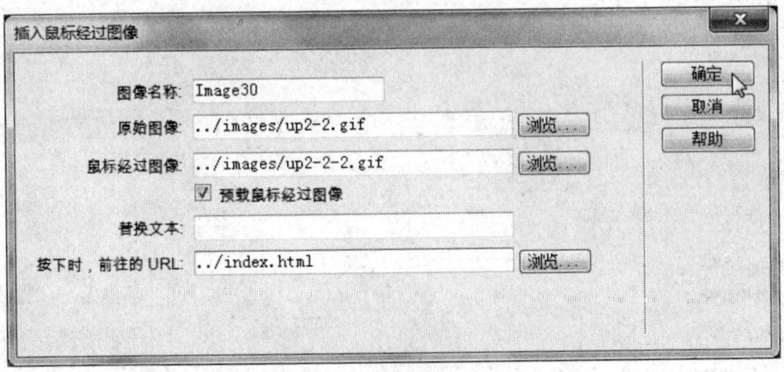

图 7-23　“插入鼠标经过图像”对话框

(3) 完成后的结果如图 7-24 所示。

(4) 在 IE 浏览器中打开 test7-6. html，浏览该网页，如图 7-25 和图 7-26 所示。

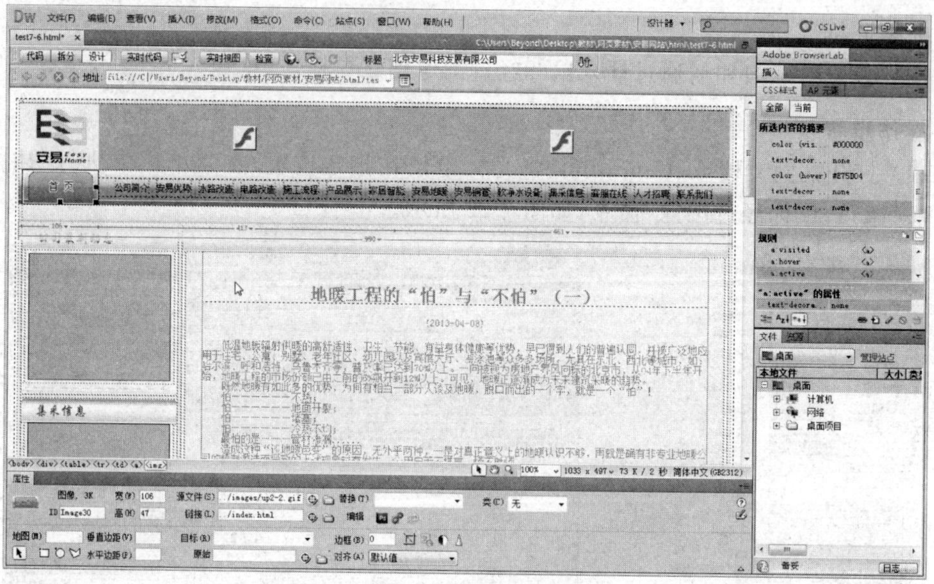

图 7-24　创建导航条

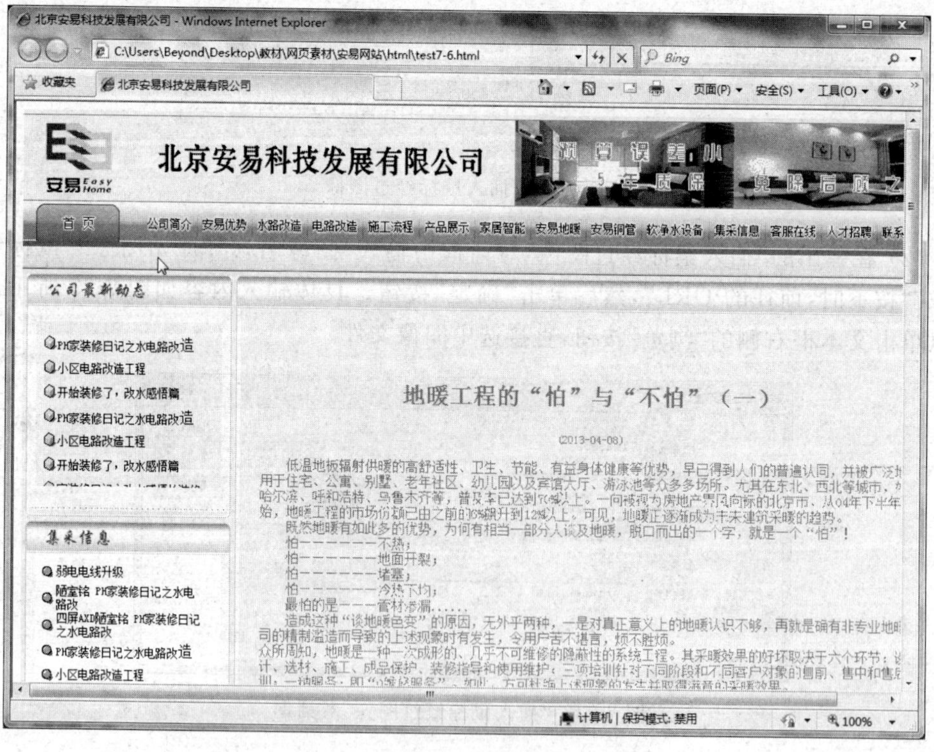

图 7-25　鼠标指针未经过时的状态

图 7-26　鼠标指针经过时的状态

7.5　插入媒体插件

用户可以通过不同方式和使用不同格式将视频添加到 Web 页面。“插件”可以增加 Netscape Navigator 浏览器的功能，实现对多种媒体对象的播放支持。

任务 7　插入媒体插件

任务要求

在 Web 文档中插入媒体插件，并调整尺寸。

任务分析

本任务主要练习如何为 Web 文档插入媒体插件。

操作步骤

(1) 打开案例文档 tcst7-7.html，将光标定位在要插入媒体插件的位置，在菜单栏执行“插入”|“媒体”|FLV 命令，如图 7-27 所示。

(2) 在弹出的“插入 FLV”对话框中单击“浏览”按钮，如图 7-28 所示。

(3) 在弹出的“选择 FLV”对话框中选中要插入的媒体文件，单击“确定”按钮，如图 7-29 所示。

(4) 单击“检测大小”按钮，然后单击“确定”按钮，如图 7-30 所示。

(5) 插入媒体插件完成之后的效果如图 7-31 所示。

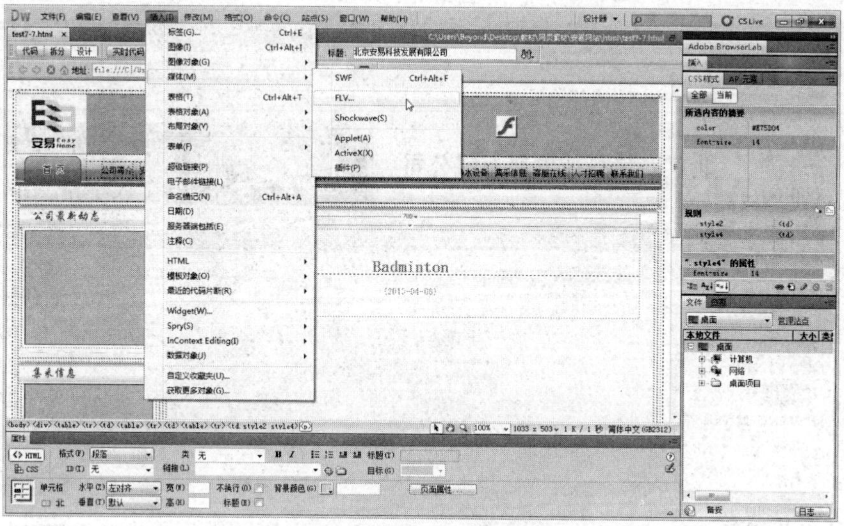

图 7-27 插入媒体插件

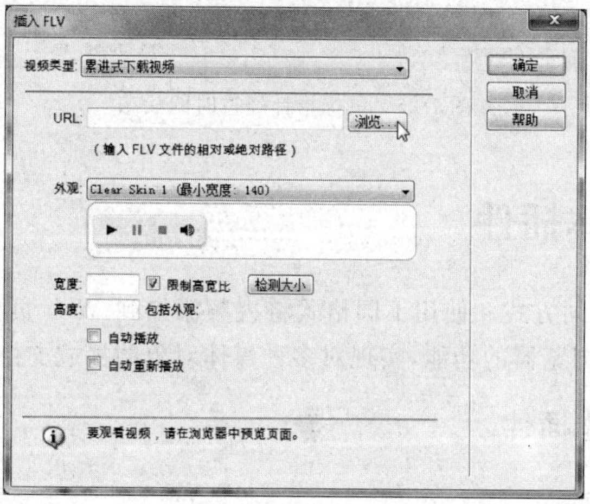

图 7-28 “插入 FLV”对话框

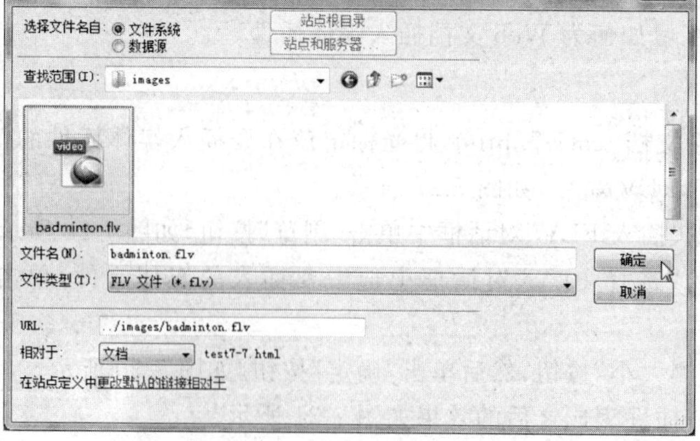

图 7-29 选择 FLV 文件

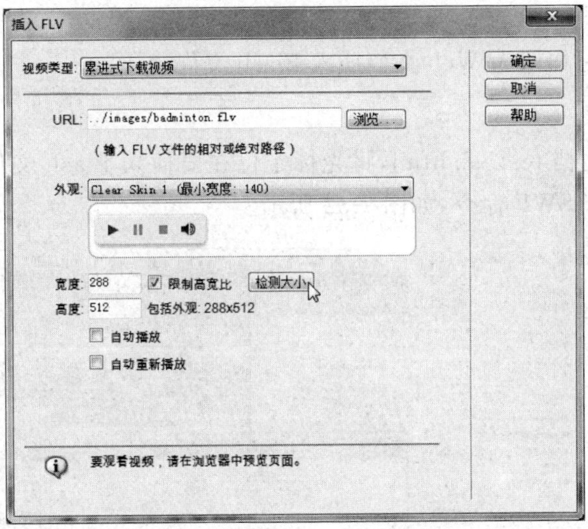

图 7-30　插入媒体插件

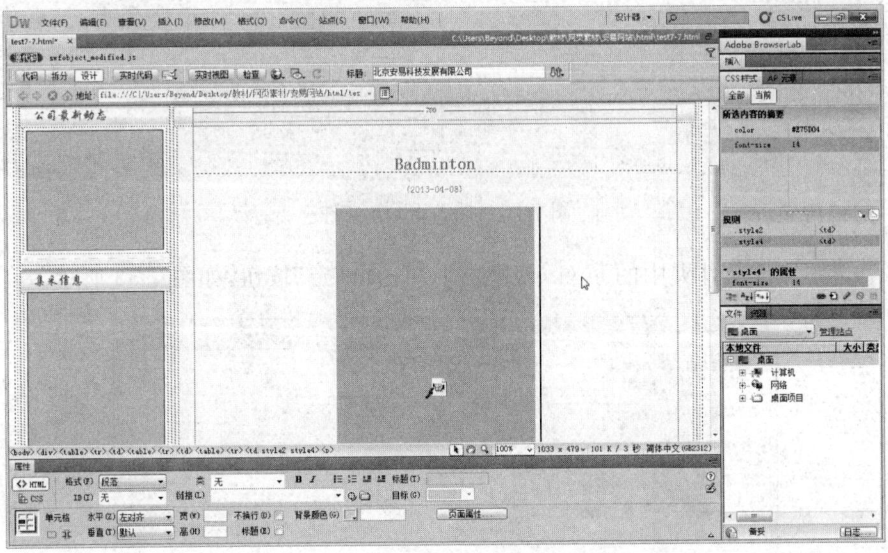

图 7-31　插入媒体插件

7.6　插入 Flash 文件

Dreamweaver 使用户能够轻松地在 Web 文档中插入 Flash 视频文件。

任务 8　插入 Flash 文件

任务要求

在 Web 文档中插入 Flash 文件。

任务分析

本任务主要练习如何为 Web 文档插入 Flash 文件。

操作步骤

(1) 打开案例文档 test7-8.html，将光标定位在要插入 Flash 文件的位置，在菜单栏执行“插入”|“媒体”|SWF 命令，如图 7-32 所示。

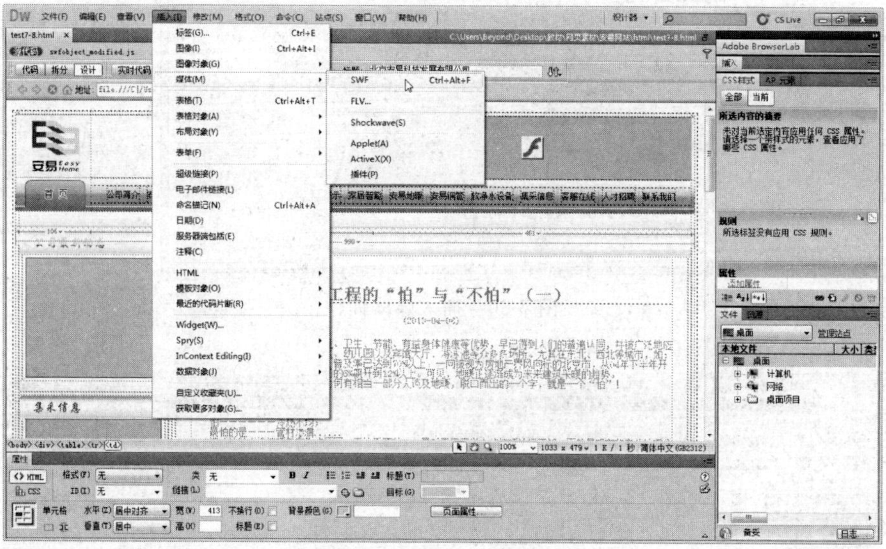

图 7-32　插入 Flash 文件

(2) 选中实例文件夹中的 anyi.swf 文件，单击“确定”按钮，如图 7-33 所示。

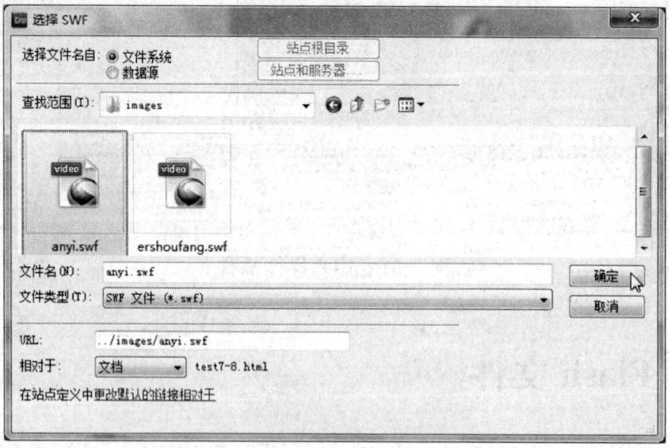

图 7-33　选择 Flash 文件

(3) 在弹出的“对象标签辅助功能属性”对话框中单击“确定”按钮，如图 7-34 所示。

(4) 插入完成后的效果如图 7-35 所示。

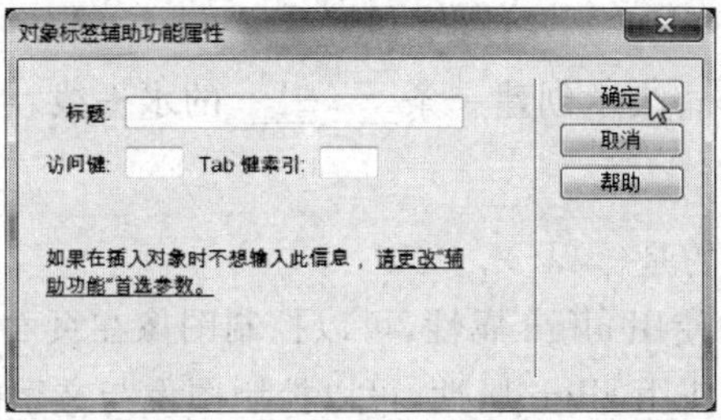

图 7-34　插入 Flash 文件

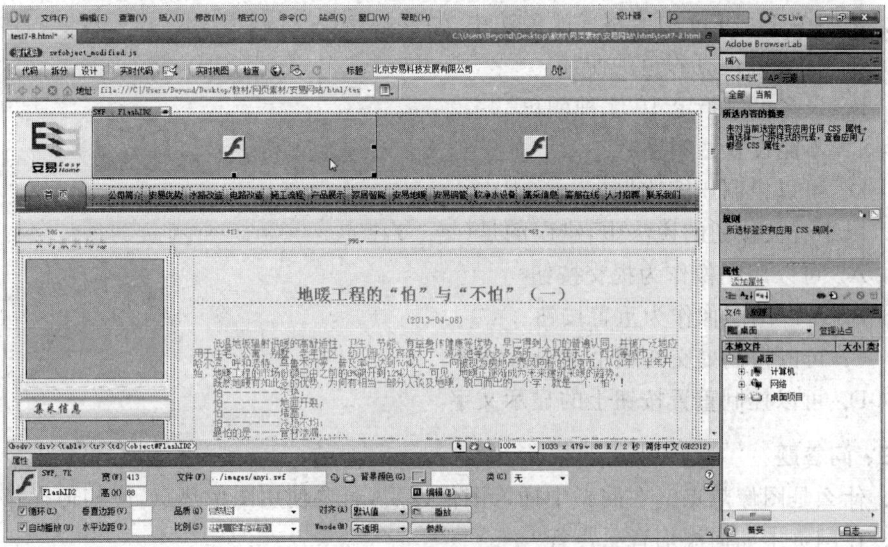

图 7-35　插入 Flash 文件

7.7　本章小结

通过本章的学习，读者了解了如何在 Web 文档中插入图像、链接、鼠标经过图像等，并掌握了相关的属性设置，同时也学会了在网页中插入动画、音乐、视频的方法。

7.8　习题 7

一、填空题

1. 单元格合并必须是________的单元格。

2. 一幅图像在网页中是作为一个独立的对象插入的，但是如果情况需要，则可以在一幅图像中设置多个"对象点"完成特定的功能，这个就是________。

3. 在给图像指定超链接时，默认情况下总是会显示蓝色边框，如果不想显示蓝色边框，应使用以下语句。

```
<a href="test.htm"><img src=image.gif ________></a>
```

4. <hr width=50%>表示创建一条________的水平线。

二、选择题

1. 以下说法中,正确的是(　　)。
   A. 在 img 标签中使用 align 属性,可以控制图像在页面中的对齐
   B. 在 img 标签中使用 align 属性,可以控制图像与文字的环绕效果
   C. 在 img 标签中使用 valign 属性,可以控制图像与周围内容的垂直对齐
   D. 在 img 标签中使用 valign 属性,可以控制图像与周围内容的水平对齐
2. 以下关于 JPEG 图像格式的说法中,错误的是(　　)。
   A. 适合表现真彩色的照片
   B. 最多可以指定 1024 种颜色
   C. 不能设置透明度
   D. 可以控制压缩比例
3. 以下有关按钮的说法中,错误的是(　　)。
   A. 可以用图像作为提交按钮
   B. 可以用图像作为重置按钮
   C. 可以控制提交按钮上的显示文字
   D. 可以控制重置按钮上的显示文字

三、问答题

1. 什么是图像热点?在网页中插入图像以后,若要使用图像热点,应如何操作?
2. 在网页中如何添加背景声音?
3. 在网页设计中使用图像时应注意哪些问题?

四、操作题

创建一个 Web 文档,试着插入一些文本、图像、鼠标经过图像、Flash 等内容,熟悉各种元素的属性设置。

第 8 章

网站发布与推广

网站制作并测试完成后，需要将网站发布到互联网上，这样大家才能访问开发者制作的网站；同时，为了提高网站的访问量，让尽可能多的人知道该网站，必须进行网站推广。本章将重点介绍如何将网站发布到互联网上和常用的推广方式。

学习目标

(1) 掌握如何进行本地站点的测试。

(2) 掌握如何将本地站点发布到网络空间中。

(3) 了解常用的网站推广方式。

8.1 站点本地测试

网站建好之后，并不能直接将网站上传至网络，还需要对网站的链接、显示效果、兼容性等方面进行测试，确认无误后，再将其上传。

一般情况下，用户采用的浏览器可分为 Microsoft IE、Netscape、Firefox 等常见的几种。网站开发者必须对这几种常见浏览器环境下，网站的运行效果进行检查，查看在不同浏览器环境下，网页是否会正常显示、显示的格式是否正确以及功能能否实现。

任务1 进行浏览器兼容性测试

任务要求

利用 Dreamweaver CS6 自带的浏览器兼容性测试工具，对"学生成绩管理系统"网站进行"浏览器兼容性测试"。

任务分析

如果要检查整个网站的兼容性，必须打开主页，然后进行检查。Dreamweaver CS6 自带的"检查浏览器兼容性"功能能够对网站中所有的网页进行兼容性检查，并能够设置要检查的浏览器及版本。

操作步骤

(1) 在 Dreamweaver CS6 中打开"学生成绩管理系统"的主页 admin_index. html。

(2) 执行"窗口"|"结果"|"浏览器兼容性"命令，如图 8-1 所示，界面中显示浏览器兼

容性面板，如图 8-2 所示。

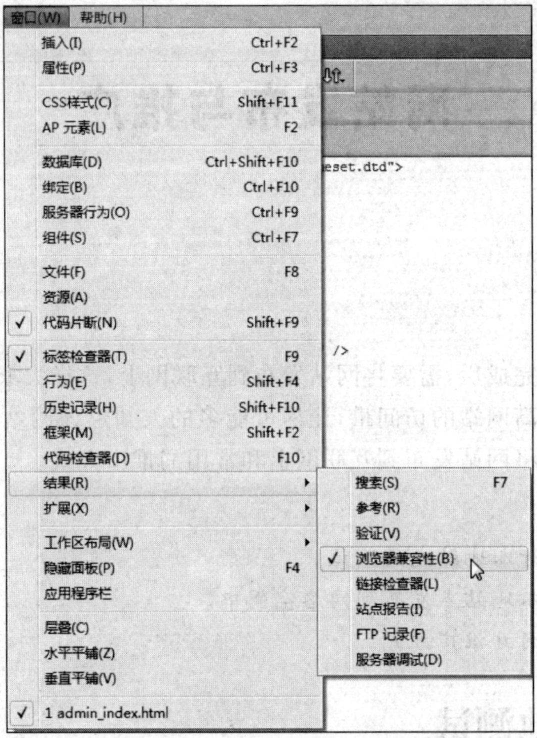

图 8-1 “浏览器兼容性”命令

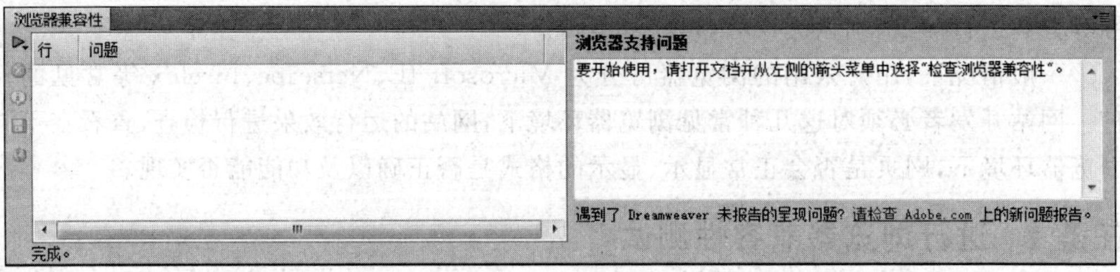

图 8-2 浏览器兼容性面板

（3）单击浏览器兼容性面板左上角的小按钮或右上角的小按钮，选择菜单中的“设置”命令，弹出“目标浏览器”对话框，如图 8-3 所示。

（4）在“目标浏览器”对话框中，选择要测试的浏览器及其版本，然后单击“确定”按钮，关闭对话框。

（5）在浏览器兼容性面板的左侧会显示页面中存在的行和问题，单击相应的问题，则在右侧显示问题的具体描述，如图 8-4 所示。

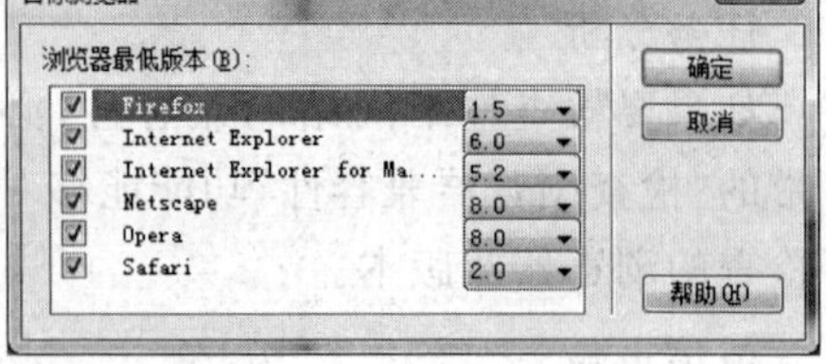

图 8-3 “目标浏览器”对话框

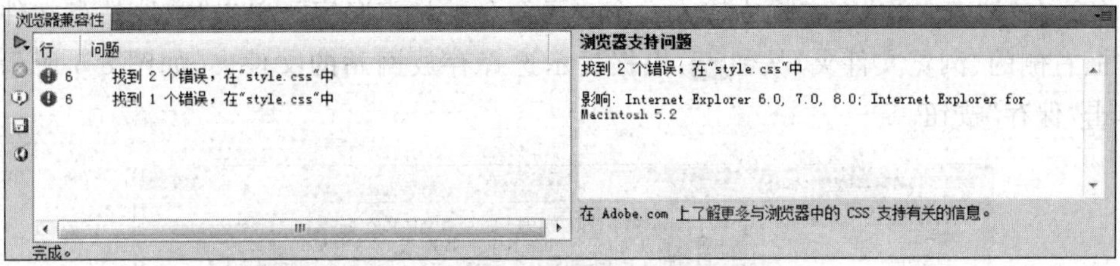

图 8-4 查找到的问题及具体描述

(6) 依次打开网站中的其他 HTML 文件，单击"浏览器兼容性"面板左上角的小按钮或右上角的小按钮，选择菜单中的"检查浏览器兼容性"命令，查看并解决存在的问题。

任务 2 进行链接检查和修复

任务要求

利用 Dreamweaver CS6 自带的链接检查工具，对"学生成绩管理系统"网站进行链接检查和修复。

任务分析

一个网站会包含众多的网页，每一个网页都会与其他的网页发生链接，这就不可避免地会出现网页链接的 URL 错误。如果人工检查这些错误，则会耗费大量的时间和精力，并且会发生遗漏和错误，Dreamweaver CS6 为用户提供了检查网站中网页链接的工具。

如果要检查整个网站的链接情况，必须将网站的所有文件和文件夹作为一个站点来进行管理，然后进行检查。Dreamweaver CS6 自带的"检查站点范围的链接"功能能够对网站中所有的网页进行链接检查，并给出错误信息。

操作步骤

(1) 打开 Dreamweaver CS6 应用程序。

(2) 单击"站点"|"新建站点"命令，弹出"站点设置对象"对话框，如图 8-5 所示。

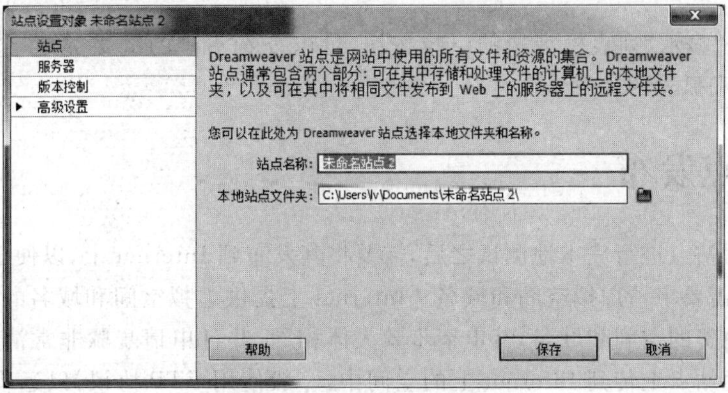

图 8-5 "站点设置对象"窗口

(3) 在“站点名称”文本框中输入一个自己命名的站点名字。单击“本地站点文件夹”文本框右侧的“浏览文件夹”按钮，根据提示选择存放网站的文件夹，如图 8-6 所示，然后单击“保存”按钮。

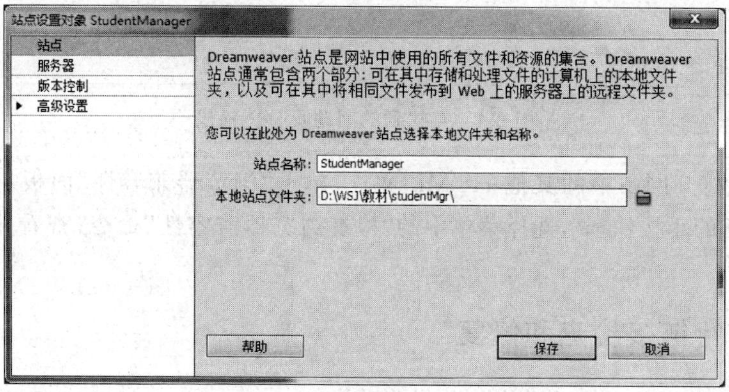

图 8-6 设置完成的“站点设置对象”对话框

(4) 单击“站点”|“检查站点范围的链接”命令，则在链接检查器面板中会显示存在问题的网页文件和断掉的链接，并且在面板底部会显示整个站点的链接情况，如图 8-7 所示。

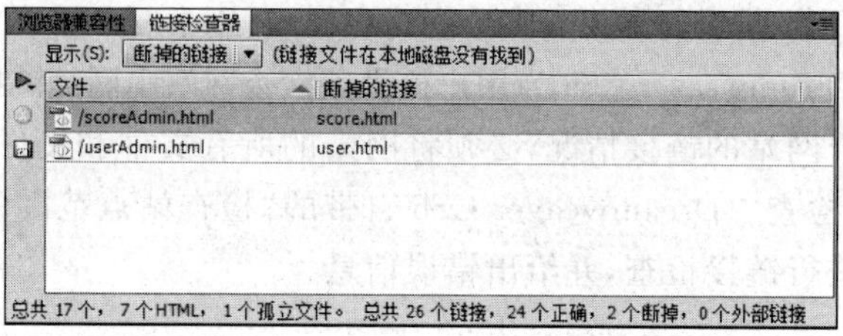

图 8-7 “链接检查器”显示的结果

(5) 双击面板中的文件，则会打开相应的网页文件，可以对存在问题的部分进行修复。

(6) 单击“显示”列表框旁边的下拉按钮，可以查看不同的链接类型，包括断掉的链接、外部链接和孤立的文件。

8.2 站点发布

当用户对站点进行完本地测试之后，需要将其发布到 Internet 上，以便于让其他人访问。这时，就需要申请虚拟空间和域名。Internet 上提供虚拟空间和域名的网站有很多，有些会提供免费的空间和域名，其申请步骤大体相同，并且申请步骤非常清楚，在此不做介绍。将本地站点上传到 Internet 上的空间中，一般使用 FTP 协议，以远程文件传输的方式上传。

任务 3　设置远程站点信息

任务要求

设置申请的远程服务器的信息，以便于将本地站点上传至 Internet 空间中。

任务分析

无论是将本地站点发布到 Internet 上，还是要从 Internet 上取回发布的站点文件，必须要建立本地站点与远程站点服务器的连接。告知 Dreamweaver 相关的信息之后，才能使用 Dreamweaver 内置的站点上传与下载功能，实现站点文件的上传与下载。

要使用 FTP 协议进行网站的上传和下载，必须设置访问远程服务器的 FTP 地址、用户名及密码，才能进行操作。

操作步骤

(1) 在 Dreamweaver CS6 中打开前面检测完成的 StudentManager 站点。

(2) 单击“站点”|“管理站点”命令，弹出“管理站点”对话框，如图 8-8 所示。

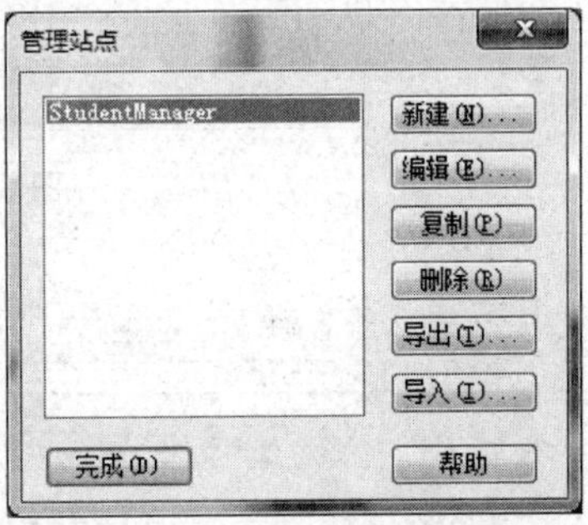

图 8-8　“管理站点”对话框

(3) 单击“编辑”按钮，弹出“站点设置对象 StudentManager”对话框，如图 8-9 所示。

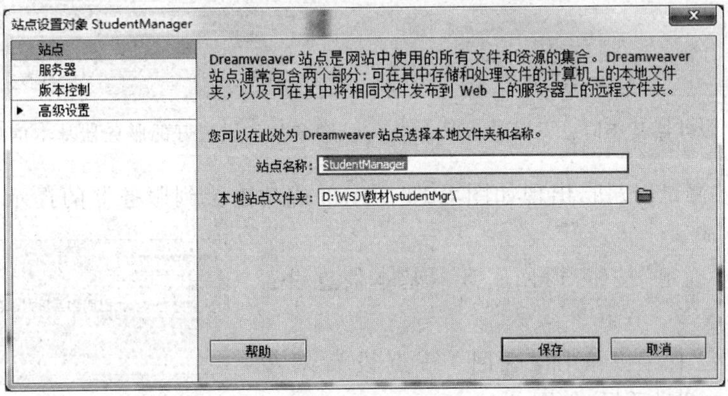

图 8-9　“站点设置对象 StudentManager”对话框

(4) 单击对话框左侧栏中的“服务器”选项，显示要设置的远程服务器，如图 8-10 所示。

(5) 单击右侧的“添加新服务器”按钮 +，弹出设置服务器基本信息的对话框，如图 8-11 所示。

(6) 在对话框中的“服务器名称”文本框中输入自己命名的服务器名称 StudentManager，在“连接方法”下拉列表框中选择 FTP，在“FTP 地址”文本框中输入要上传到的空间的 FTP 地址，在“用户名”文本框中输入访问 FTP 地址的用户名，在“密码”文本框中输入密码，设置好的对话框如图 8-12 所示。

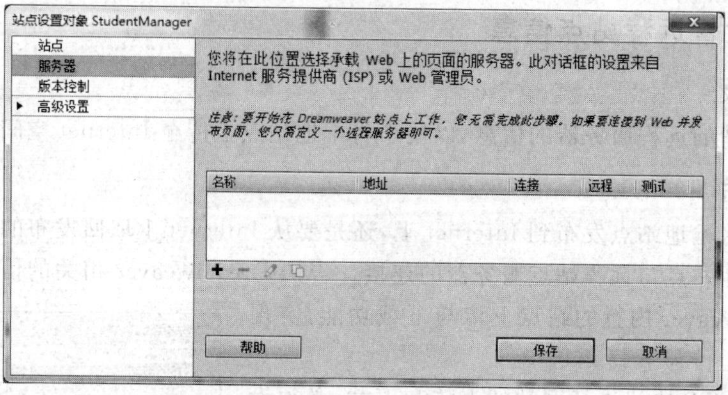

图 8-10　单击左侧的“服务器”选项

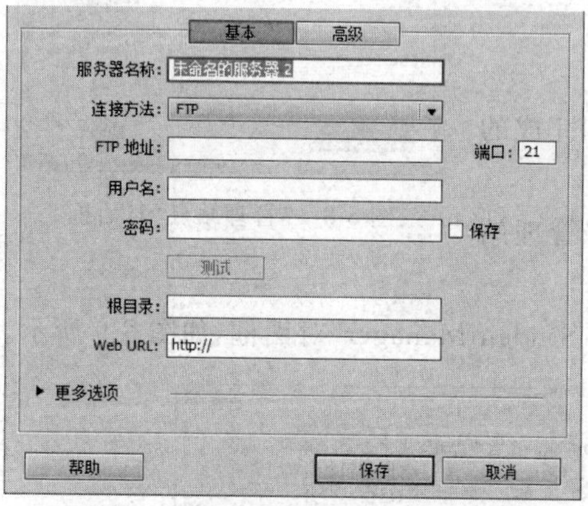

图 8-11　服务器基本信息设置对话框

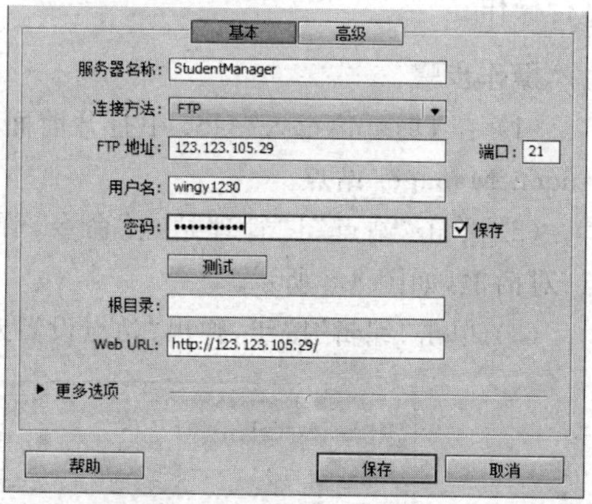

图 8-12　设置好的服务器基本信息设置对话框

（7）单击“测试”按钮，出现如图 8-13 所示的成功连接到服务器的提示对话框，说明服务器设置正确。

（8）单击“确定”按钮，返回服务器基本信息设置对话框。

（9）单击“保存”按钮，返回“站点设置对象 StudentManager”对话框，如图 8-14 所示。

（10）单击“保存”按钮，返回“站点管理”对话框，单击“完成”按钮，完成远程站点信息的设置。

图 8-13　成功连接到 Web 服务器的对话框

任务 4　上传站点

任务要求

将 StudentManager 站点上传至所申请的 Internet 空间中。

任务分析

本地站点与服务器的连接信息正确设置完成后，只要通过 Dreamweaver 内置的文件

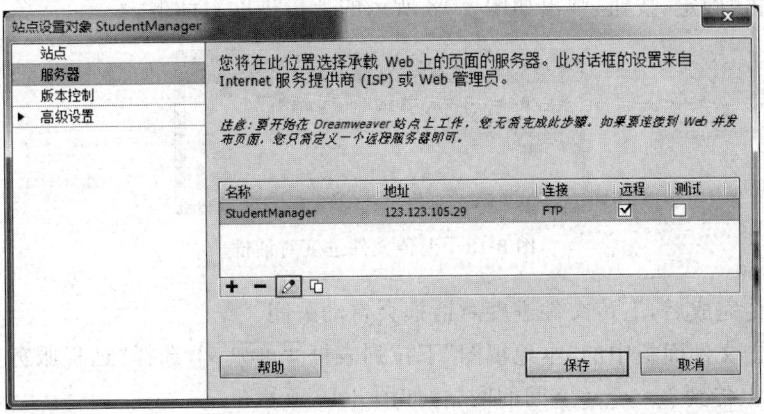

图 8-14　完成“添加新服务器”后的“站点设置对象 StudentManager”对话框

面板中的相关功能，就能顺利完成整个站点的上传工作。

操作步骤

(1) 单击“窗口”|“文件”命令，如图 8-15 所示，或按 F8 键，打开文件面板，如图 8-16 所示。

(2) 单击文件面板中的“上传文件”按钮，弹出如图 8-17 所示的上传站点的确认对话框。

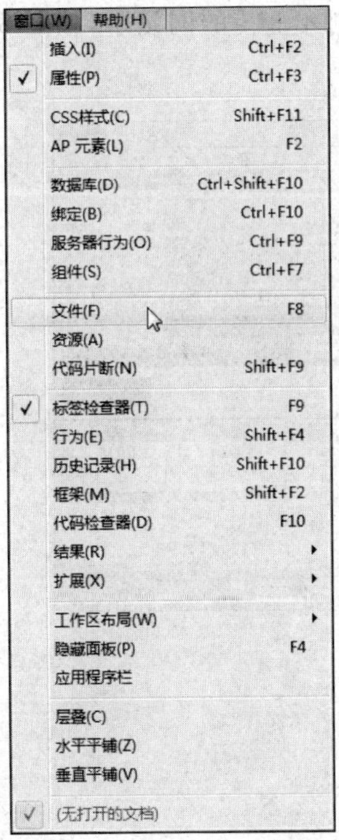

图 8-15　“窗口”|“文件”命令

图 8-16　“文件”面板

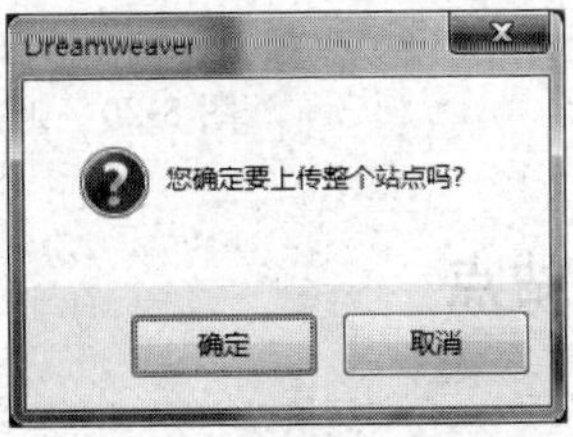

图 8-17　上传站点的确认对话框

(3) 单击“确定”按钮，弹出如图 8-18 所示的上传进度对话框。

图 8-18　上传文件进度对话框

(4) 上传完成后，上传文件进度对话框会自动关闭。

(5) 单击文件面板中的“本地视图”下拉列表框[本地视图]，选择“远程服务器”选项，可以查看刚才上传到 Internet 空间的网站，如图 8-19 所示。

图 8-19　上传到 Internet 空间中的网站

(6) 这时，通过浏览器，输入 IP 地址或域名，就可以访问刚才上传的网站了，如图 8-20 和图 8-21 所示。

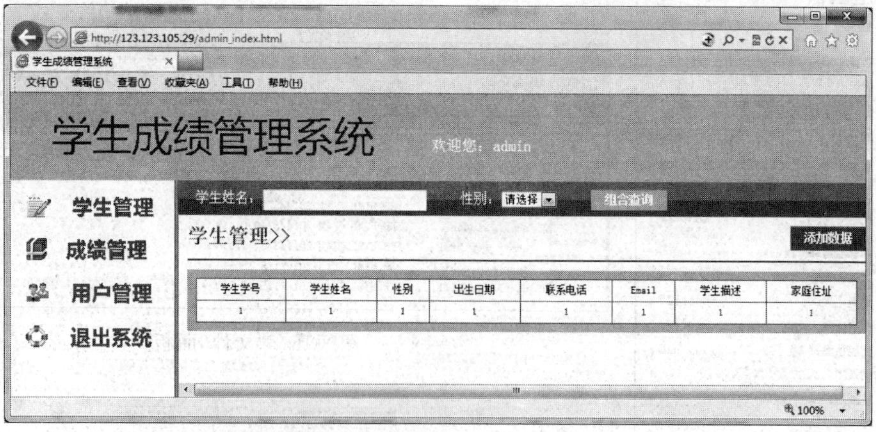

图 8-20　通过 IP 地址访问网站

任务 5　下载站点

任务要求

将上传到 Internet 空间中的“学生成绩管理系统”网站下载到本地。

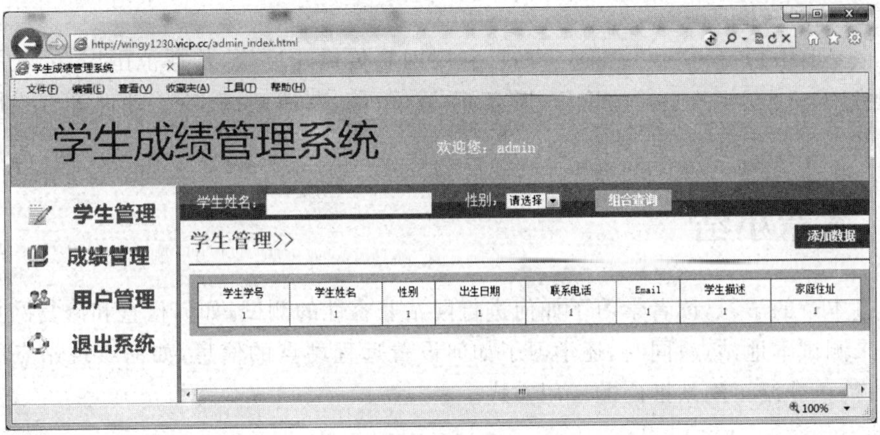

图 8-21　通过域名访问网站

任务分析

本地站点与服务器的连接信息正确设置完成后，只要通过 Dreamweaver 内置的文件面板中的“获取文件”功能，就能顺利完成整个站点的下载工作。

操作步骤

(1) 单击“窗口”|“文件”命令，或按 F8 键，打开文件面板，如图 8-16 所示。

(2) 单击文件面板中的“获取文件”按钮，弹出下载站点的确认对话框，如图 8-22 所示。

(3) 单击“确定”按钮，弹出下载文件的“后台文件活动-StudentManager”对话框，如图 8-23 所示。

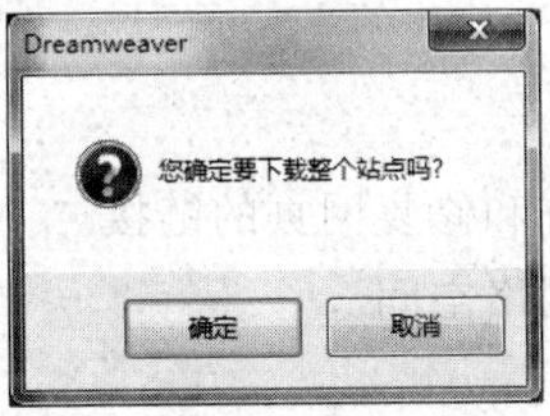

图 8-22　下载站点的确认对话框

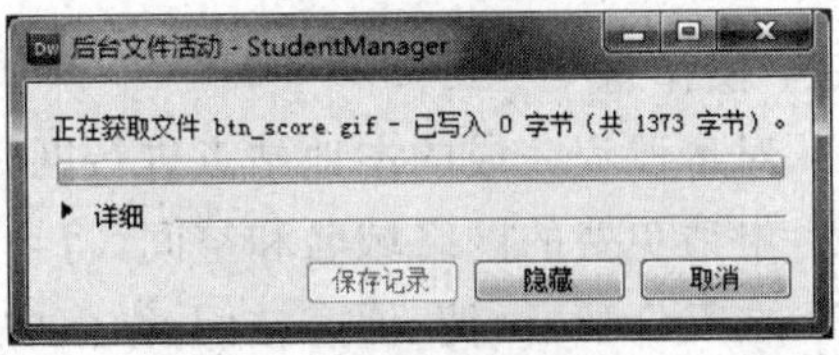

图 8-23　“后台文件活动-StudentManager”对话框

(4) 下载完成后，对话框自动消失，这时，整个网站就下载到本地站点中了。

8.3　网站推广

网站发布到 Internet 上之后，如何让大家知道并访问网站，是每一个做网站的人都必须面对的问题，这就涉及网站的推广策略。常用的网站推广主要有如下几种方式。

1. 传统的广告推广

这种推广方式往往需要大量的资金投入，在电视、广播、报刊等传统媒体投放广告。

2. 通过网络推广

这也是时下最流行的网站推广方式，利用网络传播速度快、传播范围广、受众多样等特点，通过 QQ 群、相关主题的论坛、博客、微博、微信、友情链接、电子邮件等方式推广自己的网站。

8.4 本章小结

通过本章的学习，读者学习了如何进行网站兼容性的测试，如何检查和修复网页链接的问题来测试本地站点；同时，还学习了如何设置远程站点的信息，如何实现站点的上传与下载；简单介绍了网站推广的常用方式。

8.5 习题 8

一、填空题

1. WWW 是________的缩写。

2. 域名系统 DNS 含义是________。

3. URL 是________的缩写。

4. 本地站点的所有文件和文件夹必须使用________，否则在上传到因特网上时可能导致浏览不正常。

5. HTTP 协议是一种________协议。

二、问答题

1. 请简述发布网站的一般步骤。

2. SEO 的中文意思是什么？SEO 的常用方式有哪些？

三、操作题

1. 对本课程完成的本地站点进行网站兼容性测试，检查和修复网页的链接。

2. 申请免费的网络域名和空间，将自己的站点发布到网络空间。

3. 在 QQ 群、微博、博客空间、微信中推广自己的网站。

第9章

HTML 5 技术介绍

HTML 5 是用于取代 HTML 4 和 XHTML 标准的 HTML 标准版本，现在大部分浏览器已经支持某些 HTML 5 技术，HTML 5 终将成为主流。

学习目标

(1) 了解 HTML 5 的发展历史。

(2) 了解 HTML 5 的新功能。

(3) 熟悉 HTML 5 新标签的使用。

9.1 HTML 5 的发展

同其他计算机技术的发展一样，HTML 5 也经过了一段相当长时间的发展历程。

9.1.1 HTML 的定义

HTML(Hypertext Markup Language，超文本置标语言)是用于描述网页文档的一种置标语言，也可以理解为一种规范或标准。HTML 文件本身是一种包含标签的文本文件，这些标签可以告诉浏览器如何显示其中的内容，比如文字如何处理、画面如何安排、图片如何显示等。

9.1.2 HTML 5 的由来

开发 HTML 5 的 3 个重要组织如下。

(1) WHATWG：由来自 Apple、Mozilla、Google、Opera 等浏览器厂商的人组成，成立于 2004 年，WHATWG 开发 HTML 和 Web 应用 API，同时为各浏览器厂商以及其他有意向的组织提供开放式合作。

(2) W3C：W3C 下辖的 HTML 工作组目前负责发布 HTML 5 规范。

(3) IETF：IETF(因特网工程任务组)下辖 HTTP 等负责 Internet 协议的团队。HTML 5 定义的一种新 API 依赖于新的 WebSocket 协议，IETF 工作组正在开发这个协议。

总的来说，HTML 5 是基于各种各样的理念进行设计的，而这些设计理念体现了对可能性和可行性的新认识：兼容性，实用性，互通性，通用访问性。

在 HTML 的发展历程中，有以下几个重要事件。

1991 年，Tim Berners-Lee 为使世界各地的物理学家能够方便地进行合作研究，建立了使用于其系统的 HTML，这是一种以纯文字格式为基础的语言，最初仅含有 20 多个标签，被广大用户接受，但是并没得到官方的发布。

HTML 没有 1.0 版本是因为当时有很多不同的版本。有些人认为 Tim Berners-Lee 的版本应该算初版，这个版本没有 IMG 元素。当时被称为 HTML＋的后续版的开发工作于 1993 年开始，最初是被设计成为"HTML 的一个超集"。第一个正式规范为了和当时的各种 HTML 标准区分开来，使用了 2.0 作为其版本号。

HTML 3.0 规范是由当时刚成立的 W3C 于 1995 年 3 月提出的，该规范提供了很多新的特性，例如表格、文字绕排和复杂数学元素的显示。虽然它是被设计用来兼容 2.0 版本的，但是实现这个标准的工作在当时过于复杂，在草案于 1995 年 9 月过期时，标准开发也因为缺乏浏览器支持而中止了。3.1 版从未被正式提出，而下一个被提出的版本是开发代号为 Wilbur 的 HTML 3.2，去掉了大部分 3.0 中的新特性，但是加入了很多特定浏览器，例如 Netscape 和 Mosaic 的元素和属性。

HTML 4.01 规范在 1999 年 12 月作为 W3C 的推荐规范发布，并于 2000 年 5 月成为国际标准。HTML 4.01 规范试图解决 HTML 3.2 规范中引入的与展示相关的元素的问题，与此同时，又需要考虑规范的向后兼容性。HTML 4.01 规范把许多与表示相关的元素标记为废弃的，不推荐使用。

HTML 5 是用于取代 1999 年所制定的 HTML 4.01 和 XHTML 1.0 标准的 HTML 标准版本。

9.2 HTML 5 的主要特性

目前 HTML 5 是网络热词，所以先从它的定义入手。HTML 5 主要包含以下两个要素。

(1) HTML 的新标签，对播放视频和音效来说尤为重要。

(2) 可供浏览器托管 JavaScript 应用利用的新编程界面。从根本来说，这是可供程序员利用的两个新功能。

下面就 HTML 5 的主要特性逐一进行介绍。

9.2.1 多媒体

HTML 5 所推出的诸多新特性中，canvas、video 和 audio 这几个标签会在视频图像处理方面带来一系列新的应用。互联网多媒体技术的发展即将掀起巨大的浪潮，结合脚本技术将原本只能在系统级别上实现的视频处理、音效处理等功能带入互联网应用的范围内。

1. 视频

许多时髦的网站都提供视频。HTML 5 提供了展示视频的标准。直到现在，在整个 Web 网络上仍然不存在一项旨在网页上显示视频的标准。今天，大多数视频是通过插件

(比如 Flash)来显示的。然而,并非所有浏览器都拥有同样的插件。

HTML 5 规定了一种通过 video 元素来包含视频的标准方法,支持 3 种视频格式,见表 9-1。

表 9-1　HTML 与规定的包含视频的标准方法

格式	IE	Firefox	Opera	Chrome	Safari
Ogg	No	3.5＋	10.5＋	5.0＋	No
MPEG	4	9.0＋	No	No	5.0＋
WebM	No	4.0＋	10.6＋	6.0＋	No

如需在 HTML 5 中显示视频,所需要的代码如下。

```
<video src="movie.ogg" controls="controls">
...
</video>
```

control 属性供添加播放、暂停和音量控件。

<video>与</video>之间插入的内容是供不支持 video 元素的浏览器显示的。

2. 音频

除了借助插件或者一些特定的浏览器接口外,以前的网页是无法播放声音的,而今 audio 元素提供了音频播放的能力,每个浏览器都有默认的播放器外观,当然用户也可以利用它的 API 自己实现一个播放器外观。

HTML 5 规定了一种通过 audio 元素来包含音频的标准方法,见表 9-2。

audio 元素能够播放声音文件或者音频流。

表 9-2　通过 audio 元素来包含音频的标准方法

格式	IE9	Firefox 3.5	Opera 10.5	Chrome 3.0	Safari 3.0
Ogg Vorbis		Δ	Δ	Δ	
MP3	Δ			Δ	Δ
Wav		Δ	Δ		Δ

如需在 HTML 5 中播放音频,所需要的代码如下。

```
<audio src="song.ogg" controls="controls">
...
</audio>
```

control 属性供添加播放、暂停和音量控件。

<audio>与</audio>之间插入的内容是供不支持 audio 元素的浏览器显示的。

3. 画布

画布(canvas)是 HTML 5 中的新属性,为了客户端矢量图形而设计的。它自己没有行为，但却把一个绘图 API 展现给客户端 JavaScript，以使脚本能够把想绘制的东西都绘制到一块画布上。画布是一个矩形区域，用户可以控制其每一像素，另外，canvas 拥有多种绘制路径、矩形、圆形、字符以及添加图像的方法。

开发者可以用 canvas 做任何表现层可以做的事情：动画引擎、交互界面等，可以制作一款 canvas 版的 Photoshop，或者制作一款游戏引擎，更别说使用 canvas 来制作彩信、设计名片了。不过要开发游戏，就离不开音频处理；要开发一款图形处理软件，还得依赖一些对数据处理的 API，所以说要做成一件事情，只靠单独的 HTML 5 的某项技术是不够的。

目前，canvas 标签并不能提供所有的 Flash 具有的功能，但假以时日，Flash 必将从 Web 上淘汰。

画布不依赖于外部插件、与浏览器渲染引擎紧密结合、节约资源，最重要的是极大地简化了图形和网页中其他元素的交互过程。对于 Flash 来说，使 Flash 中的元素与网页中其他元素进行交互是要消耗大量时间和资源的，另外在编程上也相当不方便。而 canvas 本身就是 HTML 5 的一个元素，可以像操作普通 HTML 元素一样操作它。开发人员可以将所有的代码整齐地写在一个文件里，这就降低了维护与更新的难度。

9.2.2 存储

1. 本地存储

HTML 5 提供了两种在客户端存储数据的新方法。

(1) localStorage——没有时间限制的数据存储

(2) sessionStorage——针对一个 Session 的数据存储

之前，这些都是由 Cookie 完成的。但是 Cookie 不适合大量数据的存储，因为它们由每个对服务器的请求来传递，这使得 Cookie 速度很慢而且效率也不高。在 HTML 5 中，数据不是由每个服务器请求传递的，而是只有在请求时使用数据。它使在不影响网站性能的情况下存储大量数据成为可能。对于不同的网站，数据存储于不同的区域，并且一个网站只能访问其自身的数据。

2. IndexedDB

IndexedDB 是 HTML 5 WebStorage 的重要一环，是一种轻量级 NOSQL 数据库，是未来一切 Web 应用的基石。

和人们熟知的 Cookie 类似，IndexedDB 是每个域名独立存储数据的。

IndexedDB 可以存储任意格式的 json 对象，而 localStorage 则只能存 string。

IndexedDB 也分数据库，每个数据库可以建立多个不同配置的表，而且所有的操作都在事务(Transaction)中完成，不同之处在于 Web SQL Database 是通过 SQL 执行语句来完成操作的，而 IndexedDB 则直接通过 JavaScript 的 API 完成操作。

3. FileReader

FileReader 提供的 API 可以支持往浏览器直接拖曳上传附件。

FileReader 接口实现对本地文件的异步操作，主要是将文件读入内存，并提供相应的方法,来读取文件中的数据。FileReader 提供了 3 个读取文件方法：readAsBinaryString()、readAsText()、readAsDataURL()和 1 个中断读取的方法 abort()。因为 FileReader 实现的是异步的文件读取接口,所以读取的结果不作为以上 3 个读取方法的返回(或输出),而是存储在 result 属性中。

9.2.3　应用

1. 离线应用

HTML 5 的 Web Storage API 采用了离线缓存,会生成一个清单文件(Manifest File),这个清单文件实质就是一系列的 URL 列表文件,这些 URL 分别指向页面当中的 HTML,CSS,JavaScript,图片等相关内容。当使用离线应用时,应用会引入这一清单文件,浏览器读取这一文件,下载相应的文件,并将其缓存到本地,使这些 Web 应用能够脱离网络使用,而用户在离线时的更改也同样会映射到清单文件中,并在重新连线之后更改返回应用,其工作方式与人们现在所使用的网盘有着异曲同工之处。

2. 多线程

在 Web 开发时经常会遇到浏览器不响应事件进入假死状态,甚至弹出"脚本运行时间过长"提示框,如果出现这种情况,说明脚本已经失控了。一个浏览器至少存在 3 个线程：JavaScript 引擎线程(处理 JavaScript)、GUI 渲染线程(渲染页面)、浏览器事件触发线程(控制交互)。

JavaScript 是单线程的程序,在浏览器上与 UI 线程共享,以当 JavaScript 处于运行状态时,界面上会出现阻塞,无法响应用户操作,运行时间稍微长一点浏览器就可能弹出对话框提示,运行时间过长是否中止,所以在前端进行密集型的运算体验会很差。

WebWorker 提供了 JavaScript 在浏览器后台运算的支持,不阻塞 UI 线程,当然在 worker 线程运行的程序无法访问页面元素,但是可以访问网络资源,以回调的形式与主线程通信。

WebWorker 是 HTML 5 提供的一种多线程编程方法。运行在后台的 JavaScript 独立于其他脚本,不影响页面的性能,开发者可以继续做任何要做的事情：如线上的单击,选取内容等操作。

9.2.4　通信

浏览器的 XHR 对象是 Ajax 开发的基石,它是开创 Web 2.0 时代的一个技术。简单地讲,XHR 是以不刷新网页的形式构造 HTTP 请求,向服务端提交数据,以及获得服务端返回的报文的对象封装。以前 XHR 只能传输 UTF8 编码的文本类型的数据,HTML 5 的时代将给它扩展更丰富的能力：跨站点访问能力、文件上传能力、多类型返回报文(由以前的 XML& 纯文本增加到支持二进制、HTML 文档、JSON)。

9.3 本章小结

通过本章的学习，对 HTML 5 技术的发展历史和其主要特性有了大致的了解，为今后学习使用 HTML 5 来制作网页打下了一定的基础。

9.4 习题 9

问答题

1. 简要回答 HTML 5 具有哪些新特性。
2. 请列举出两个使用 HTML 5 可以完成的网页特殊效果。

第 10 章

网页制作综合实例

本章通过一个综合实例——律师事务所英文主页的设计制作，向读者介绍一个网站主页的完整制作步骤。主要的步骤包括：使用 Photoshop 设计网站 Logo、使用 Photoshop 设计制作网站主页效果图、使用 Flash 制作网页动画、使用 Dreamweaver 制作网站主页。

学习目标

(1) 熟悉网页设计制作的一般流程。

(2) 了解和掌握综合使用各种软件设计制作网页的方法。

10.1 使用 Photoshop CS6 制作 3D Logo

在此例中学习使用 Photoshop CS6 设计制作网站的 3D 效果的 Logo，Logo 的设计灵感来源于事务所英文全名的缩写，字母 M 和 W，效果如图 10-1 所示。

图 10-1 最终完成效果

任务 1 绘制 3D Logo

任务要求

本任务主要练习使用文字工具、加深工具和减淡工具绘制 3D 立体效果的 Logo。

任务分析

使用文字工具输入文字，通过复制图层使 Logo 具有 3D 立体效果，再使用加深工具和减淡工具增强文字的立体感。

操作步骤

(1) 首先运行软件，新建一个文件，尺寸设置为 800×600 像素，如图 10-2 所示。

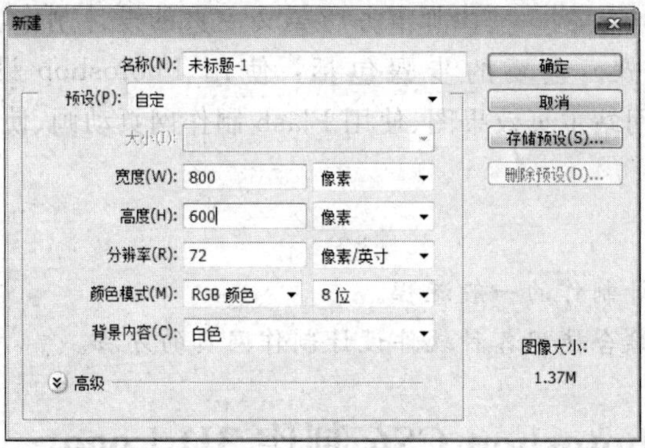

图 10-2 新建文件

(2) 使用文字工具，输入大写字母 M 和 W，颜色设置为浅绿色，完成效果如图 10-3 所示。

图 10-3 输入字母

(3) 将文字顺时针旋转 30°，完成效果如图 10-4 所示。

图 10-4　旋转文字

(4) 选择移动工具,按住 Alt 键,连续按键盘上向上的方向键 20 次,通过复制图层使文字看上去具有 3D 效果,如图 10-5 所示。

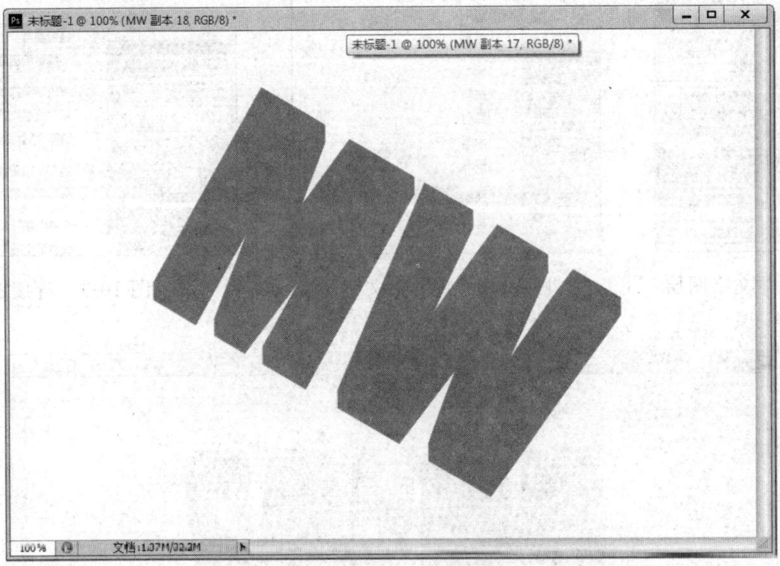

图 10-5　复制图层

(5) 在图层面板中选择最上面的图层,将其颜色调浅,如图 10-6 所示。

(6) 将除最上层文字的其他文字层选中后合并,完成效果如图 10-7 所示。

(7) 将最上层文字栅格化,如图 10-8 所示。

(8) 将两部分文字内容链接在一起,完成效果如图 10-9 所示。

(9) 将文字逆时针旋转 30°,完成效果如图 10-10 所示。

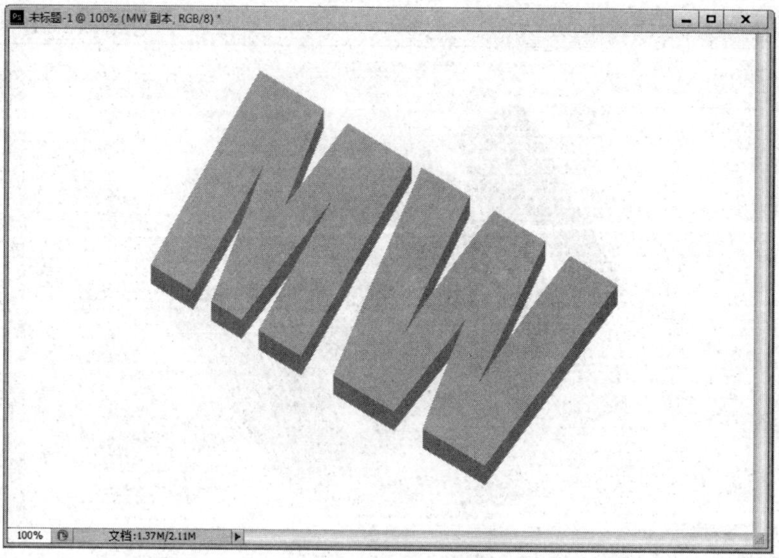

图 10-6 调整文字颜色

图 10-7 合并文字图层

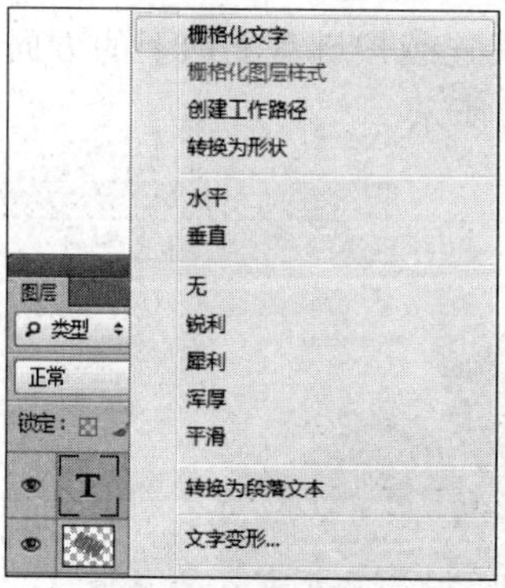

图 10-8 栅格化文字

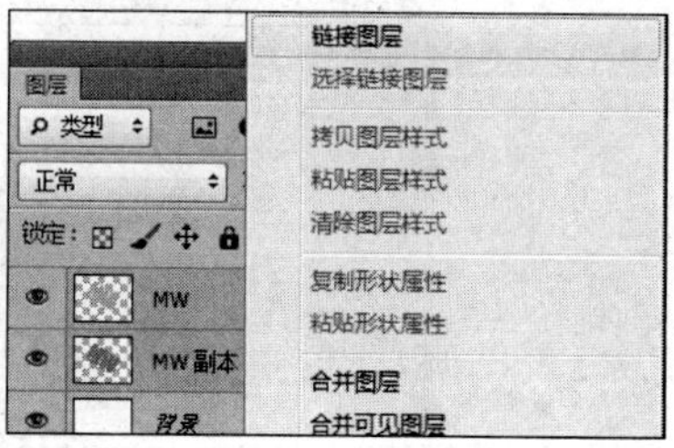

图 10-9 链接图层

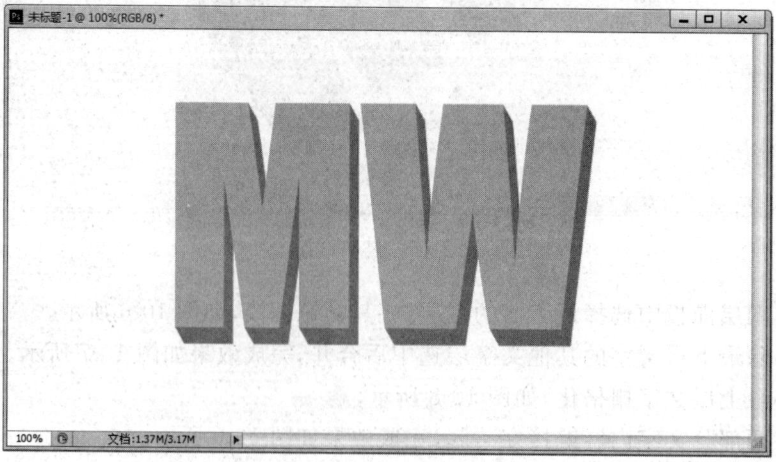

图 10-10 逆时针旋转文字

(10) 选择加深工具,对合并后的深色文字部分进行局部颜色加深,完成效果如图 10-11 所示。

图 10-11　进行颜色加深

(11) 选择减淡工具,对合并后的深色文字部分进行局部颜色减淡,完成效果如图 10-12 所示。

图 10-12　进行颜色减淡

(12) 选择加深工具,对最上面的浅色文字部分进行局部颜色加深,完成效果如图 10-13 所示。

(13) 选择减淡工具,对最上面的浅色文字部分进行局部颜色减淡,最终使文字呈现逼真的 3D 立体效果,完成效果如图 10-14 所示。

(14) 将背景层可视属性关闭,将文件保存为 LOGO. png,效果如图 10-15 所示。

图 10-13　进行颜色加深

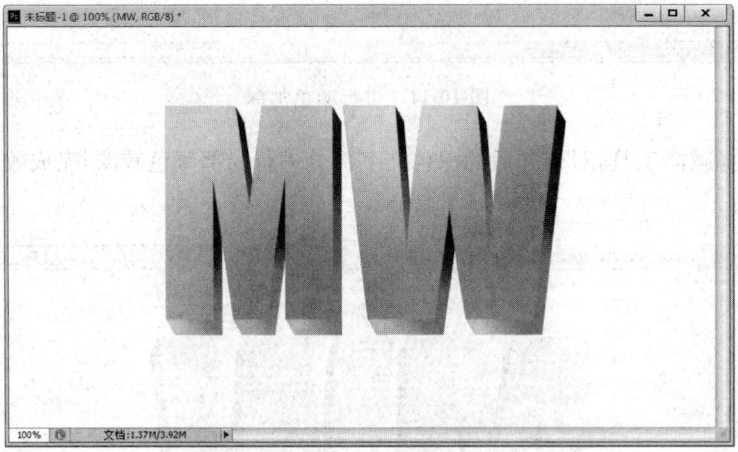

图 10-14　进行颜色减淡

图 10-15　关闭背景层可视属性

10.2　使用 Photoshop CS6 设计网页效果

在本例中学习使用 Photoshop CS6 设计网站主页效果图，并划分切片，优化图片素材，网页效果图如图 10-16 所示。

图 10-16　最终完成效果

任务 2　设计网页效果图

任务要求

本任务主要练习使用矩形工具、文字工具和切片工具设计制作网页效果图并划分切片优化网页图像。

任务分析

使用矩形工具绘制网页中的区块和按钮，使用切片工具划分切片。

操作步骤

(1) 新建一个文件，尺寸设置为 1440×1440 像素，背景为浅灰色，如图 10-17 所示。

(2) 使用矩形工具在顶端绘制网页中放置 Logo 的区域，颜色如图 10-18 所示。

(3) 将之前制作的 Logo 添加到文件中，如图 10-19 所示。

(4) 使用文字工具在绘制矩形区域中添加网站标题和导航栏上的文字链接，如图 10-20 所示。

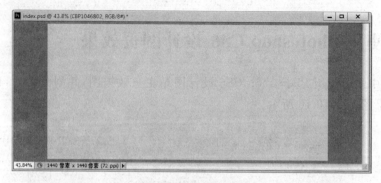

图 10-17　新建文件

图 10-18　绘制长方形

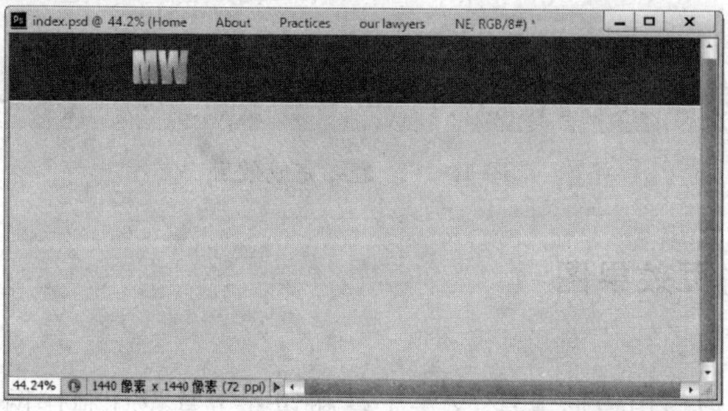

图 10-19　添加 Logo

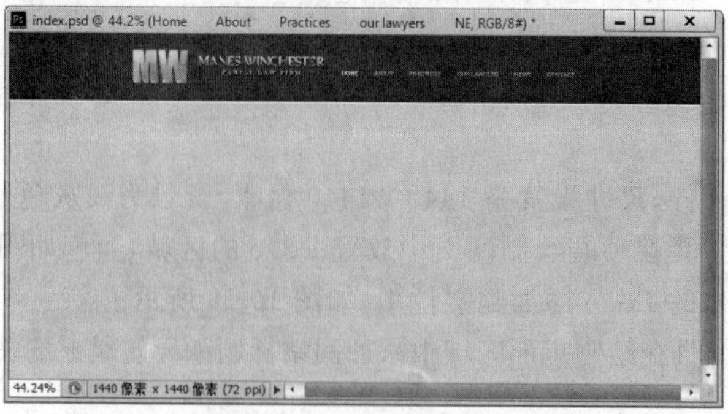

图 10-20　添加网站标题和链接

(5) 使用矩形工具绘制 Banner 区域背景，大小为 960×384 像素，颜色如图 10-21 所示。

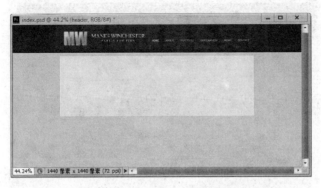

图 10-21 绘制 Banner 区域背景

(6) 添加人物图片，使用文字工具输入文字，完成效果如图 10-22 所示。

图 10-22 添加人物图片和文字

(7) 使用矩形工具在 Banner 下面绘制一个矩形，颜色设置为浅灰色，完成效果如图 10-23 所示。

图 10-23 绘制矩形

(8) 在矩形上输入文字,完成效果如图 10-24 所示。

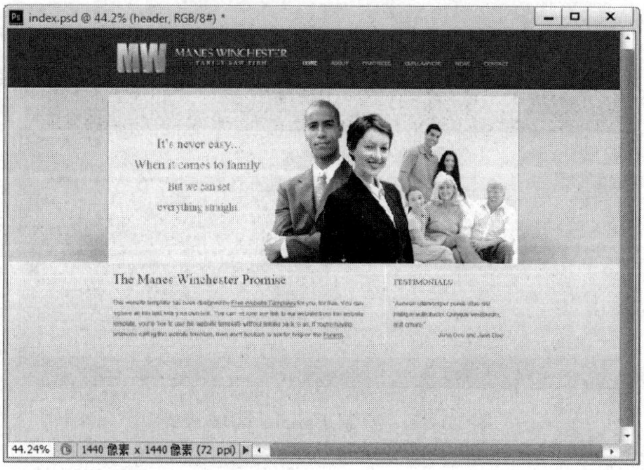

图 10-24　输入文字

(9) 在页面下方空白处添加图片和文字,完成效果如图 10-25 所示。

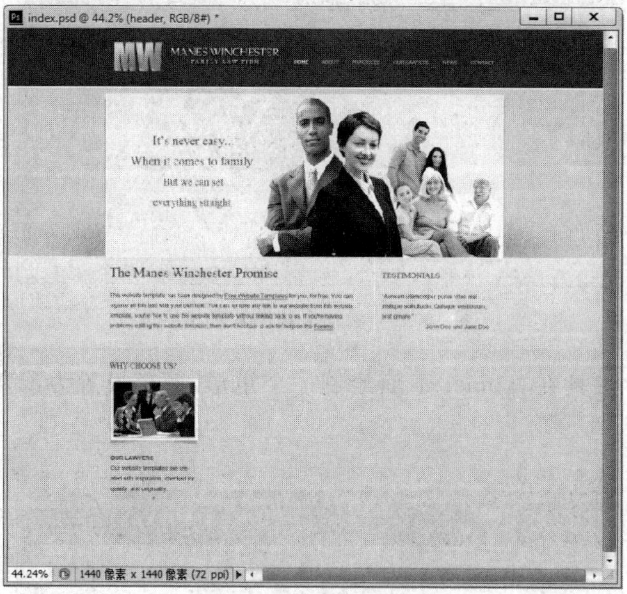

图 10-25　添加图片和文字

(10) 按照同样的方式,将另外三部分图片和文字添加到页面中,如图 10-26 所示。

(11) 使用矩形工具绘制按钮并添加到文字下方,如图 10-27 所示。

(12) 按照同样的方式添加其余的文字和按钮,完成效果如图 10-28 所示。

(13) 最后在页面底部添加 footer,完成效果如图 10-29 所示。

(14) 使用切片工具划分网页切片,完成效果如图 10-30 所示。

(15) 将人物图片的可视属性关闭,再将文件储存为网页所用格式。在网页动画中,人物图片是单独出现的,如图 10-31 所示。

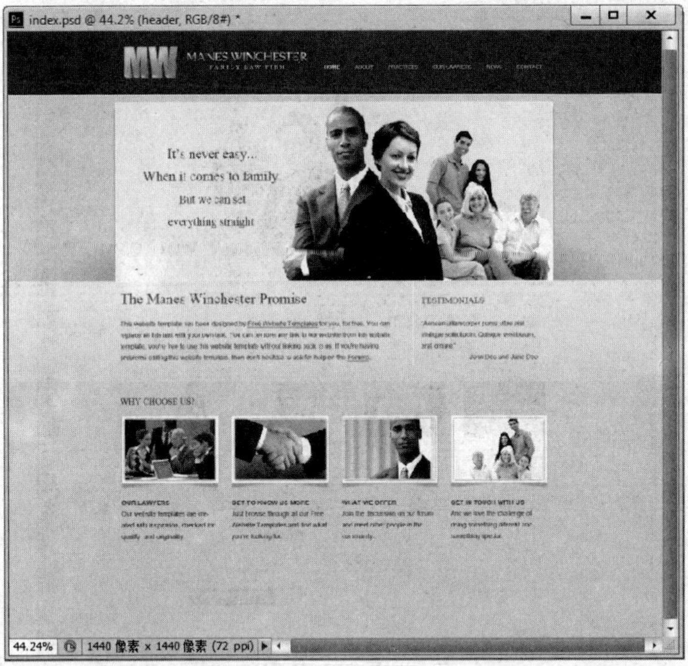

图 10-26　添加另外三部分图片和文字

图 10-27　添加按钮

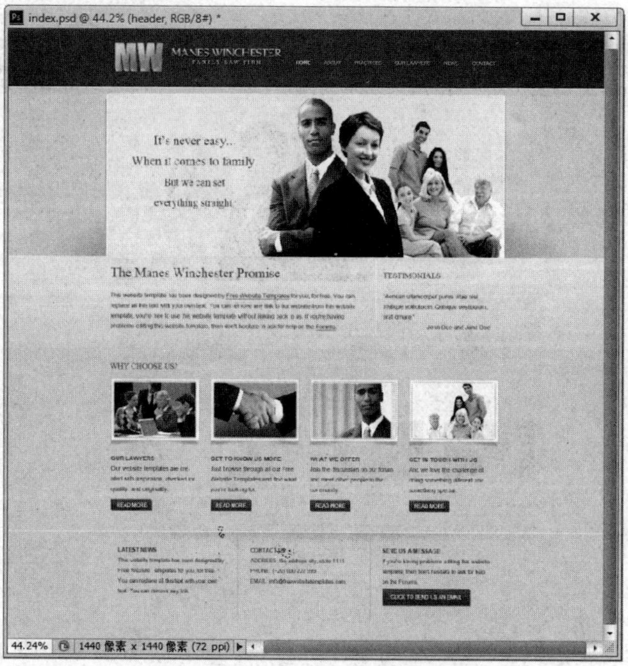

图 10-28　添加文字和按钮

图 10-29　添加 footer

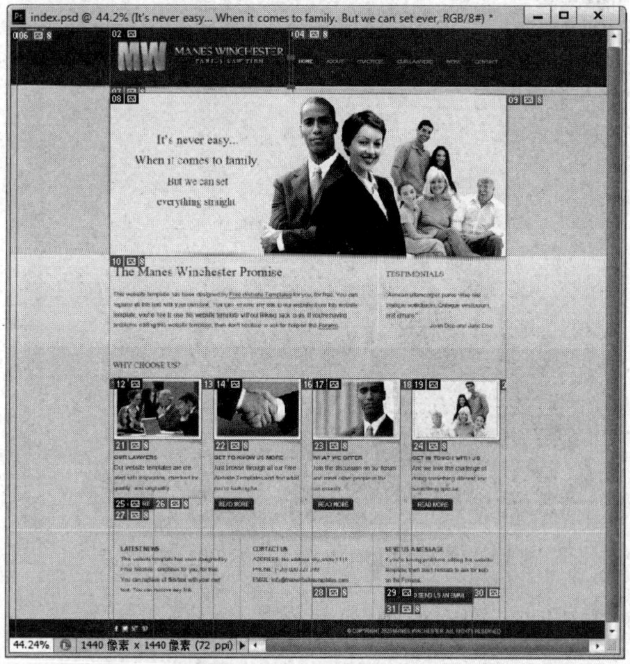

图 10-30　划分网页切片

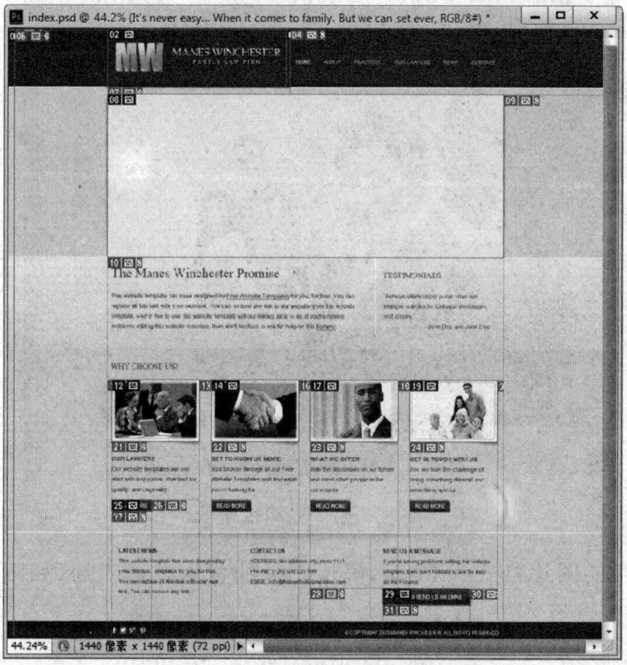

图 10-31　将人物图片可视属性关闭

(16) 新建一个背景透明的文件,将需要显示为透明背景的图片添加进来,例如人物图片和网站 Logo,如图 10-32 所示。

图 10-32　新建文件并添加人物和 Logo 图片

(17) 使用切片工具划分切片，如图 10-33 所示。

图 10-33　划分切片

(18) 设置保存的图片格式为 PNG，确保图片的背景是透明的，如图 10-34 所示。

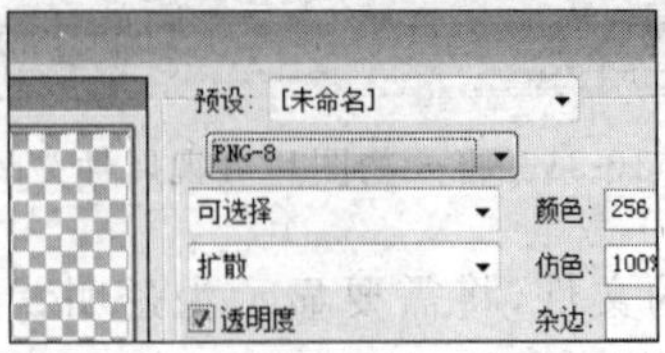

图 10-34　设置保存图片的格式

10.3　使用 Flash CS6 制作网页动画

在本例中学习如何用 Flash CS6 和已经完成的图片素材制作一个 Flash 网页动画。

任务 3　制作 Flash 网页动画

任务要求

使用已经完成的图片素材制作一个尺寸合适的 Flash 网页动画。

任务分析

使用运动渐变动画和逐帧动画完成人物部分和文字部分的动画效果。

操作步骤

(1) 运行 Flash，新建一个 ActionScript 2.0 文件，如图 10-35 所示。

(2) 在属性面板上调整文件属性，参数设置如图 10-36 所示。

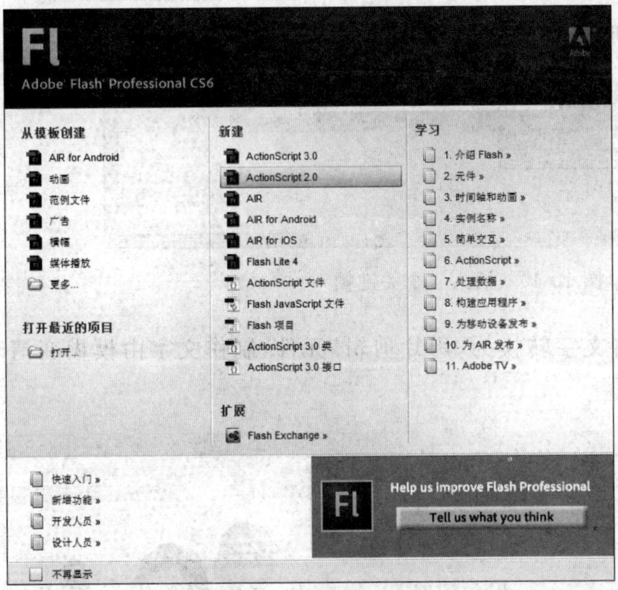

图 10-35　新建文件

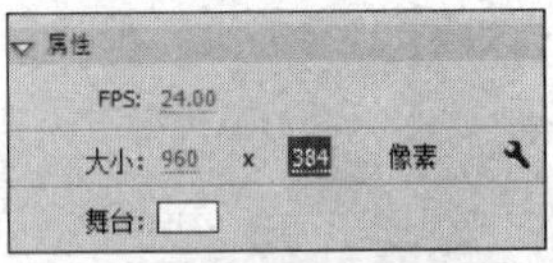

图 10-36　设置属性面板参数

(3) 分别将 Banner 的背景图和人物图片导入舞台，并放置在不同的层中，将人物图片转换为“影片剪辑”类型的元件，如图 10-37 所示。

(4) 在人物图片所在的图层 2 中插入关键帧，将第一个关键帧上的人物图片元件设置为 0 的不透明度，参数设置如图 10-38 所示。

(5) 在图层 2 中，选择中间帧，创建传统补间动画，如图 10-39 所示。

(6) 在图层 2 中，再插入 4 个关键帧，如图 10-40 所示。

(7) 分别将第 15、17 帧中的人物图片的亮度调整为 100%，完成人物图片的闪烁效果，参数设置如图 10-41 所示。

图 10-37　将人物图片转换为元件

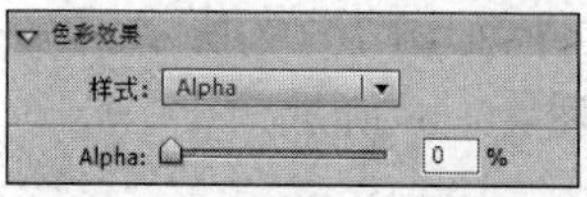

图 10-38　设置人物图片的不透明度

图 10-39　创建补间动画

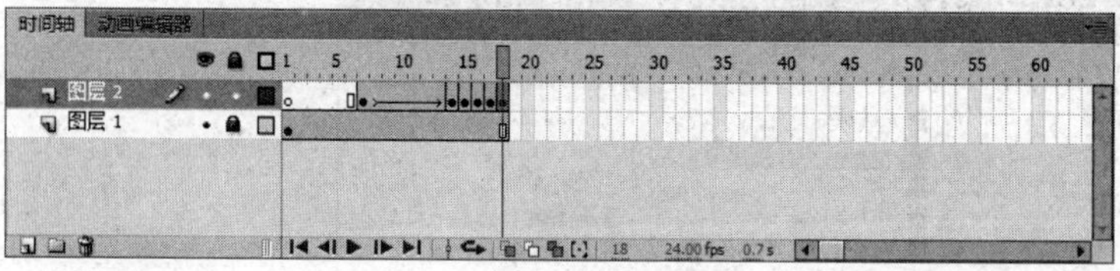

图 10-40　插入 4 个关键帧

（8）新建一层，添加文字，将文字转换为"影片剪辑"元件，制作文字由模糊变清晰的动画，完成效果如图 10-42 所示。

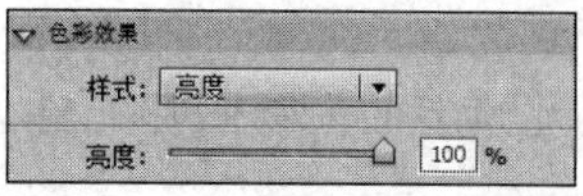

图 10-41　人物图片闪烁效果参数设置

图 10-42　添加文字动画

（9）选择动画的最后一个关键帧，打开动作面板，添加 Actionscript 脚本，使动画播放到最后停止播放，脚本内容如图 10-43 所示。

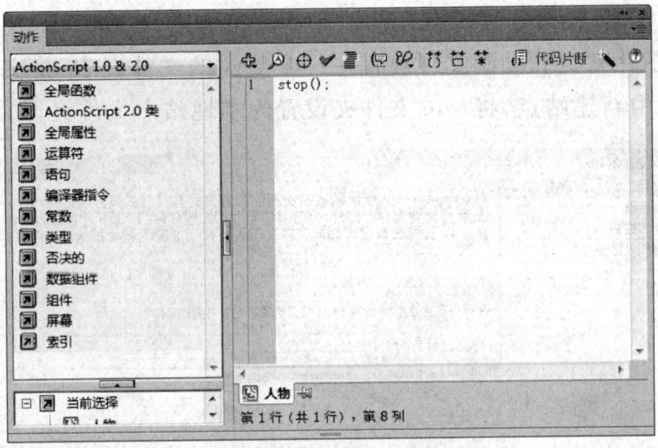

图 10-43　添加脚本

(10) 最后导出 SWF 格式的动画，命名为 banner. swf，动画整体效果如图 10-44 所示。

图 10-44　导出的动画

10.4　使用 Dreamweaver CS6 制作网页

在本例中学习如何使用 Dreamweaver CS6 将图片素材、网页动画整合在一起，制作完成一个网站主页。

任务 4　制作网站主页

任务要求

本任务主要练习使用 Dreamweaver、div 标签和 CSS 进行网页布局。

任务分析

在 Dreamweaver 中先新建站点，然后使用 DIV＋CSS 技术完成网页布局，制作完成网页。

操作步骤

(1) 将所有图片素材和动画文件放置在一个新建的文件夹中，将文件夹命名为 wm，在 Dreamweaver 中新建站点，将 wm 文件夹设置为本地站点文件夹，如图 10-45 所示。

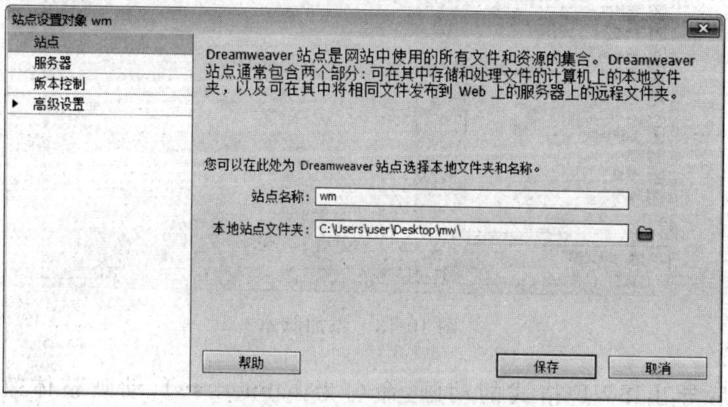

图 10-45　创建站点

(2) 右击站点文件夹，在弹出的快捷菜单中选择“新建文件”命令，新建一个网页文件，如图 10-46 所示。

(3) 将新建的网页文件命名为 index. html，如图 10-47 所示。

(4) 在网页中插入 div 标签，如图 10-48 所示。

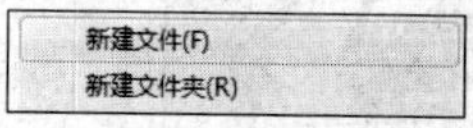

图 10-46　新建网页文件

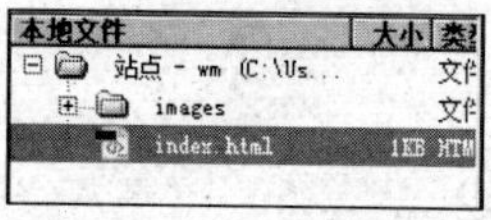

图 10-47　命名网页文件

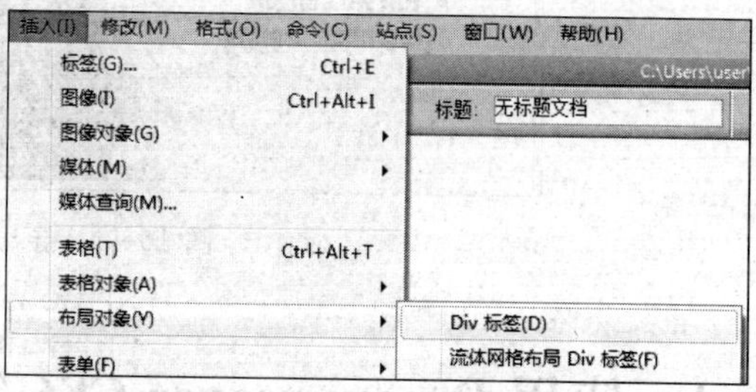

图 10-48　插入 div 标签

(5) 设置该 div 标签的类名称为 container，如图 10-49 所示。

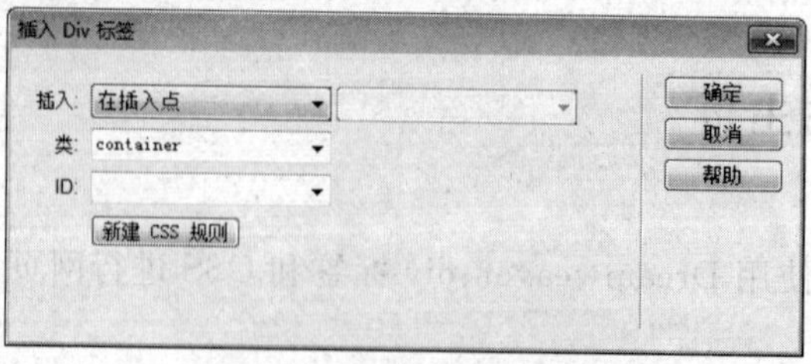

图 10-49　设置标签的类名称

(6) 将插入点放置在名为 container 的 div 标签中，在 CSS 面板上新建一个 CSS 规则，规则定义在新的样式表文件中，具体设置如图 10-50 所示。

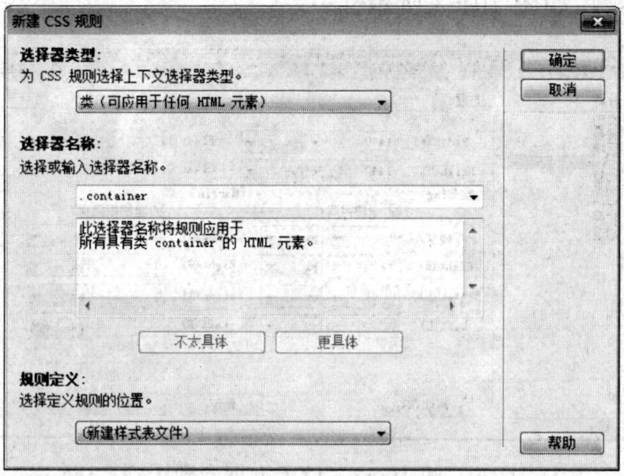

图 10-50 创建新的 CSS 规则

(7) 单击“确定”按钮后，将样式表文件命名为 style，并保存在 mw 文件夹下，如图 10-51 所示。

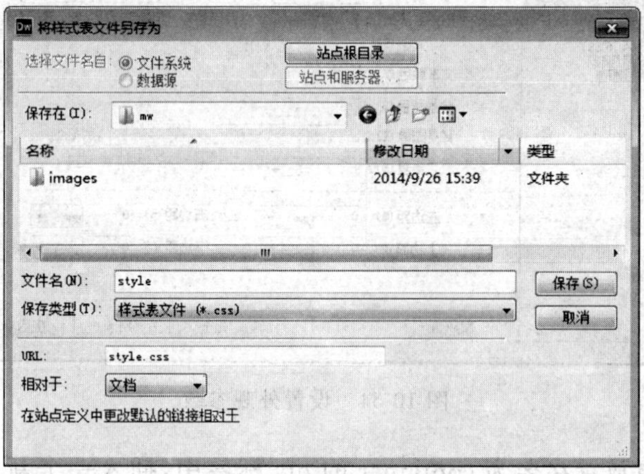

图 10-51 保存样式表文件

(8) 设置背景参数，如图 10-52 所示。

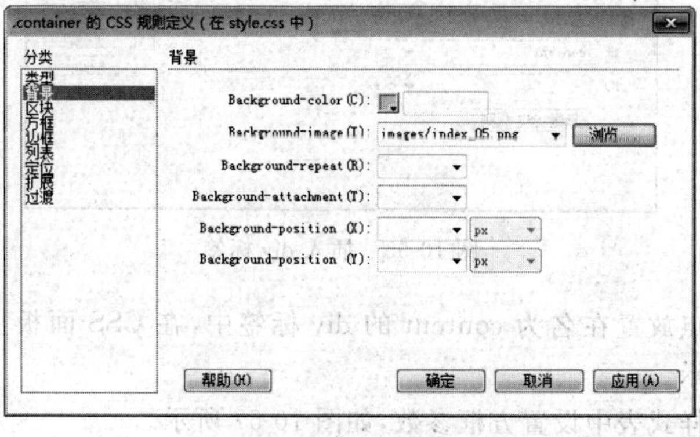

图 10-52 设置背景参数

(9) 设置方框参数，如图 10-53 所示。

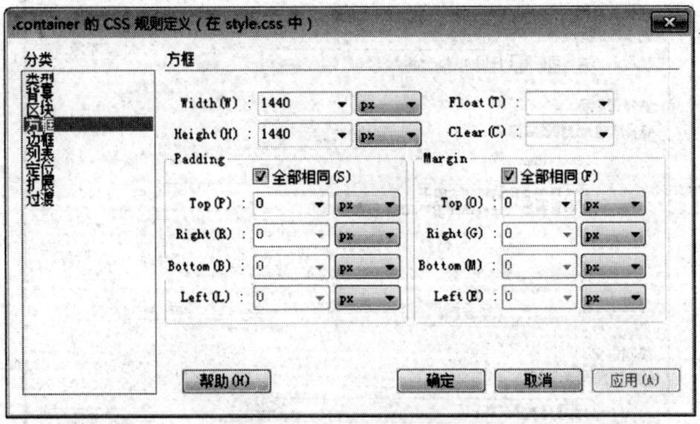

图 10-53　设置方框参数

(10) 执行“修改”|“页面属性”命令，设置网页的外观参数，如图 10-54 所示。

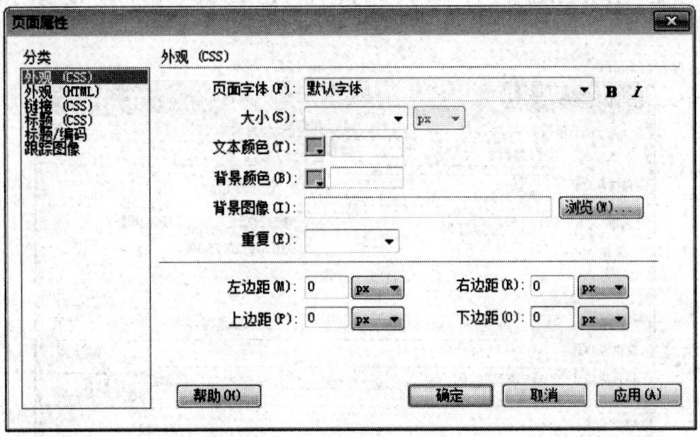

图 10-54　设置外观参数

(11) 将插入点放置在名为 container 的 div 标签中，插入一个新的 div 标签，命名为 content，如图 10-55 所示。

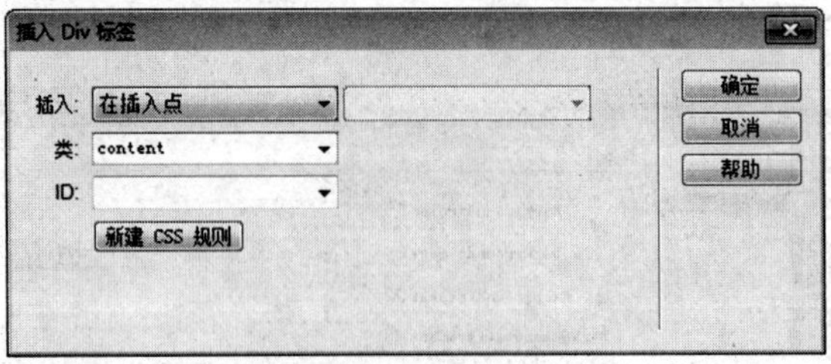

图 10-55　插入 div 标签

(12) 将插入点放置在名为 content 的 div 标签中，在 CSS 面板上新建一个 CSS 规则，如图 10-56 所示。

(13) 在新的样式表中设置方框参数，如图 10-57 所示。

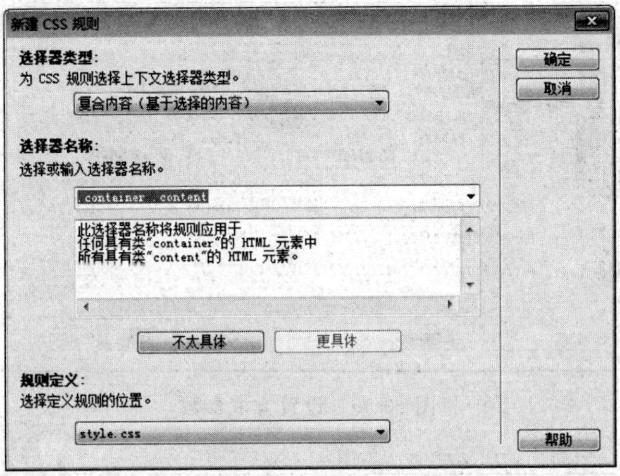

图 10-56　创建新的 CSS 规则

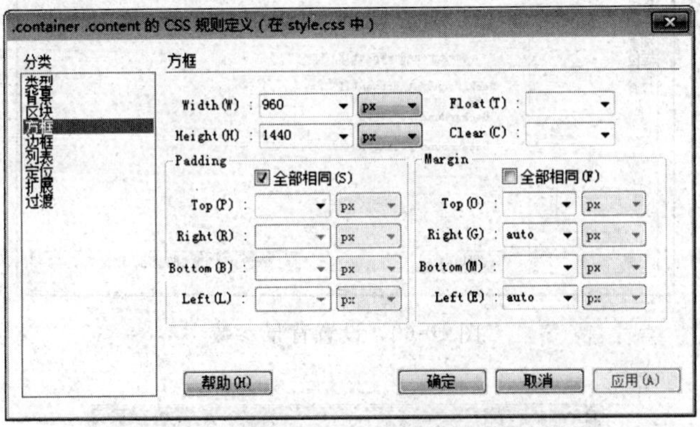

图 10-57　设置方框参数

(14) 将插入点放置在名为 content 的 div 标签中，插入一个新的 div 标签，命名为 logo，如图 10-58 所示。

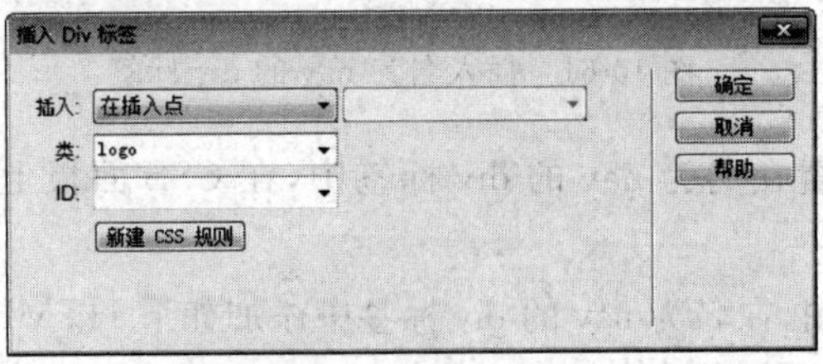

图 10-58　插入名为 logo 的 div 标签

(15) 新建 CSS 样式，并设置方框参数，如图 10-59 所示。

(16) 设置背景参数，如图 10-60 所示。

(17) 将插入点放置在名为 logo 的 div 标签外面，插入新的 div 标签，命名为 nav，如图 10-61 所示。

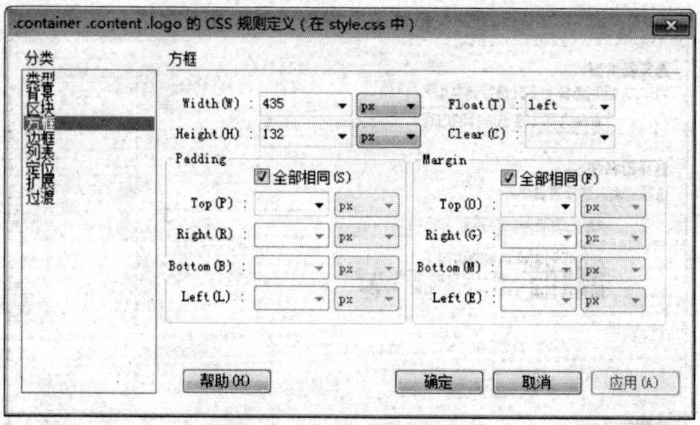

图 10-59　设置方框参数

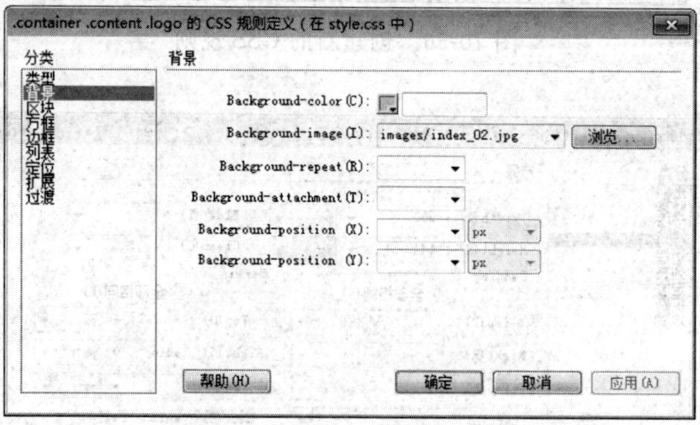

图 10-60　设置背景参数

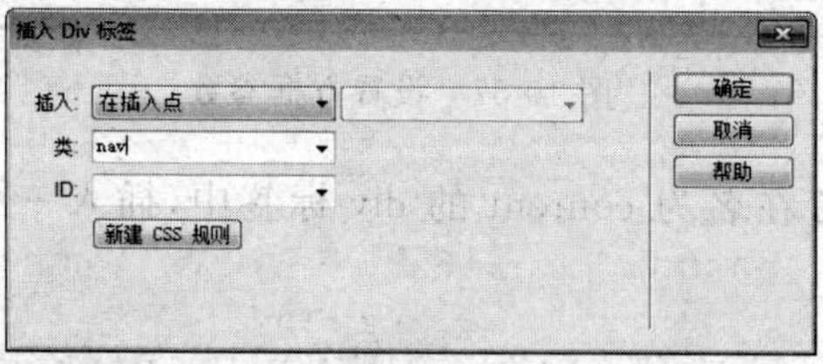

图 10-61　插入名为 nav 的 div 标签

(18) 将插入点放置在名为 nav 的 div 标签中，在 CSS 面板上新建一个 CSS 规则，如图 10-62 所示。

(19) 打开代码视图，在名为 nav 的 div 标签中添加如下 HTML 代码，如图 10-63 所示。

(20) 打开 style. css 文件，添加 CSS 代码，如图 10-64 所示。

(21) 将插入点放置在名为 nav 的 div 标签外面，插入新的 div 标签，命名为 banner，如图 10-65 所示。

(22) 新建 CSS 样式，并设置方框参数，如图 10-66 所示。

(23) 在名为 banner 的 div 标签中插入 banner. swf。并按照同样的方式添加 div 标签，添加新的 CSS 规则，最后完成整个网页制作，效果如图 10-67 所示。

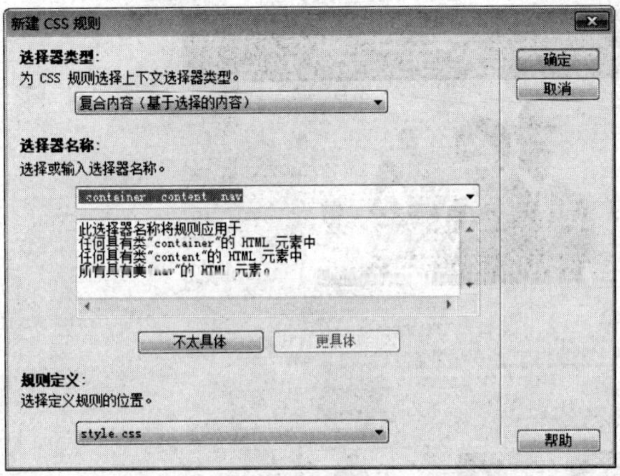

图 10-62　创建新的 CSS 规则

```
<div class="nav">
    <ul class="daohang">
      <li><a href="#">Home</a> </li>
      <li><a href="#">News</a> </li>
      <li><a href="#">About</a> </li>
      <li><a href="#">Our lawyers</a> </li>
      <li><a href="#">Contact</a> </li>
    </ul>
</div>
```

图 10-63　添加 HTML 代码

```
.daohang {
    padding: 0px;
    margin: 0px;
}
.daohang li {
    float: left;
    list-style-type: none;
}
.daohang li a {
    display: block;
    height: 132px;
    width: 105px;
    color: #ffffff;
    text-align: center;
    text-decoration: none;
    list-style-type: none;
    line-height: 132px;
    margin: 0px;
    padding: 0px;
}
.daohang li a:hover {
    color: #000000;
}
```

图 10-64　添加 CSS 代码

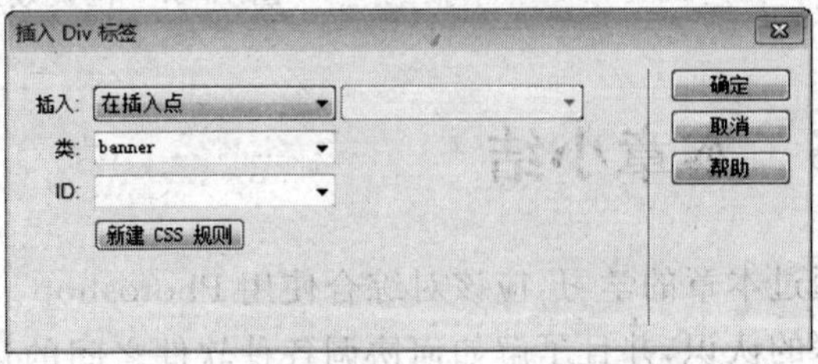

图 10-65　插入名为 banner 的 div 标签

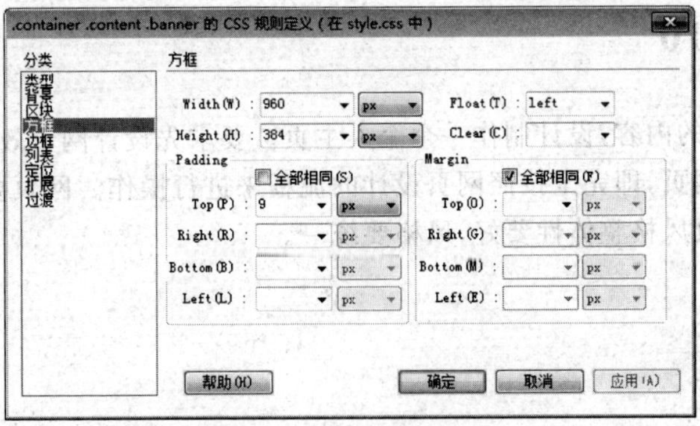

图 10-66　设置方框参数

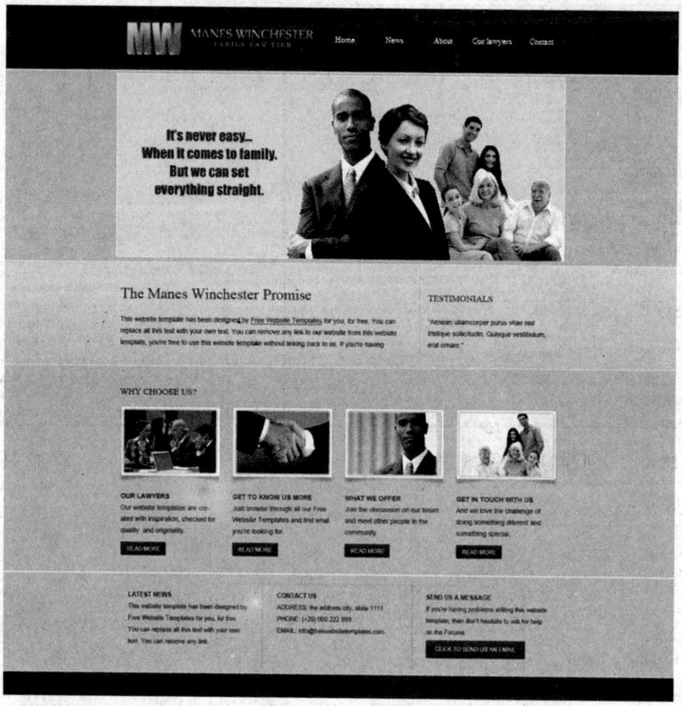

图 10-67 网页效果

10.5 本章小结

通过本章的学习，应该对综合使用 Photoshop 、Flash 和 Dreamweaver 设计制作网页有更深的认识，并且了解如何协调各种软件之间的运用，如何完成一个整体性好、风格统一的网页。

10.6 习题 10

参照本章介绍的内容，设计制作一个个人主页。要求先设计网页效果图，然后制作网页动画，最后完成网页，即完全按照网页设计的流程来进行操作。网页要使用 DIV＋CSS 技术进行布局，网页风格整体性要好，风格要统一。

参 考 文 献

[1] 刘西杰，柳林. HTML、CSS、JavaScript 网页制作从入门到精通[M]. 北京：人民邮电出版社，2013.

[2] Patrick McNeil. 网页设计创意书[M]. 石华耀，译. 北京：人民邮电出版社，2014.

[3] 李东博. Dreamweaver＋Flash＋Photoshop 网页设计从入门到精通[M]. 北京：清华大学出版社，2013.

[4] 崔建成. 网页美工——网页设计与制作[M]. 北京：电子工业出版社，2014.

[5] 丁士锋，等. 网页制作与网站建设实战大全[M]. 北京：清华大学出版社，2013.

[6] 李翊，刘涛. Dreamweaver CS6 网页设计入门、进阶与提高[M]. 北京：电子工业出版社，2013.

[7] 柏松. 网页设计与制作：从零开始完全精通[M]. 上海：上海科学普及出版社，2013.

[8] 何新起. 网站建设与网页设计从入门到精通[M]. 北京：人民邮电出版社，2013.

[9] 罗军. 网页界面设计[M]. 北京：北京大学出版社，2014.

[10] 弗里曼. HTML 5 权威指南[M]. 谢延晟，牛化成，刘美英，译. 北京：人民邮电出版社，2014.

[11] 李启宏. 网页好设计！Dreamweaver 网页布局×特效设计应用大全[M]. 北京：中国铁道出版社，2013.

[12] 温谦. HTML＋CSS 网页设计与布局从入门到精通[M]. 北京：人民邮电出版社，2008.